上海市工程建设规范

地质信息数据标准

Data standard for geological information

DG/TJ 08—2320—2020

J 15390—2020

主编单位:上海市地质调查研究院

批准部门:上海市住房和城乡建设管理委员会

施行日期:2020年11月1日

同济大学出版社

2021 上海

图书在版编目(CIP)数据

地质信息数据标准 / 上海市地质调查研究院主编
. —上海：同济大学出版社，2021.4
ISBN 978-7-5608-9823-0

Ⅰ. ①地… Ⅱ. ①上… Ⅲ. ①地质调查—情报服务—数据—标准—上海 Ⅳ. ①P622-65

中国版本图书馆 CIP 数据核字(2021)第 041059 号

地质信息数据标准
上海市地质调查研究院 **主编**

策划编辑 张平官
责任编辑 朱 勇
责任校对 徐春莲
封面设计 陈益平

出版发行 同济大学出版社 www.tongjipress.com.cn
(地址:上海市四平路 1239 号 邮编:200092 电话:021-65985622)
经 销 全国各地新华书店
印 刷 浦江求真印务有限公司
开 本 890 mm×1240 mm 1/16
印 张 14.75
字 数 472 000
版 次 2021 年 4 月第 1 版 2021 年 4 月第 1 次印刷
书 号 ISBN 978-7-5608-9823-0
定 价 150.00 元

上海市住房和城乡建设管理委员会文件

沪建标定〔2020〕258 号

上海市住房和城乡建设管理委员会
关于批准《地质信息数据标准》
为上海市工程建设规范的通知

各有关单位：

由上海市地质调查研究院主编的《地质信息数据标准》，经我委审核，现批准为上海市工程建设规范，统一编号为 DG/TJ 08—2320—2020，自 2020 年 11 月 1 日起实施。

本规范由上海市住房和城乡建设管理委员会负责管理，上海市地质调查研究院负责解释。

特此通知。

上海市住房和城乡建设管理委员会
二〇二〇年五月二十七日

前　言

根据上海市城乡建设和管理委员会《关于印发〈2015 年上海市工程建设规范编制计划〉的通知》（沪建管〔2014〕966 号）的要求，标准编制组经广泛调查研究，认真总结十余年来上海市地质信息服务工作实践经验，参考有关国家和行业标准，以多种形式广泛征求本市有关单位和专家的意见，经反复修改后，由上海市住房和城乡建设管理委员会组织有关专家审查定稿。

本标准的主要内容有：总则、术语、数据分类编码、数据组织与结构、数据管理基本要求以及相关附录。

各有关单位及相关人员在本标准执行过程中，如有意见或建议，请反馈至上海市地质调查研究院（地址：上海市灵石路 930 号 6 楼；邮编：200072），或上海市建筑建材业市场管理总站（地址：上海市小木桥路 683 号；邮编：200032；E-mail：bzglk@zjw.sh.gov.cn），以供今后修订时参考。

主 编 单 位： 上海市地质调查研究院

参 编 单 位： 上海市地矿工程勘察院

上海勘察设计研究院（集团）有限公司

主要起草人： 严学新　杨丽君　刘　映　彭文祥　黄　坚

孙　莉　王　军　刘　曦　何中发　李　晓

史玉金　吴建中　杨天亮　熊福文　谢建磊

王治华　王小清　俞俊英　曾　来　温晓华

主要审查人： 张阿根　王　军　王建秀　方　涛　高世轩

潘　强　蒋　欣

上海市建筑建材业市场管理总站

目　次

Contents

1 总 则

1.0.1 为了规范本市地质工作中地质信息的采集、处理、分析和应用管理工作，推进地质信息共享服务，适应城市建设和社会发展的需要，制定本标准。

1.0.2 本标准适用于本市地质信息的建设、管理和数据交换。

1.0.3 地质信息的建设、管理和数据交换除应符合本标准的规定外，尚应符合国家、行业和本市现行有关标准的规定。

2 术语

2.0.1 地质工作 geological work

地质工作包括地质研究、地质考察、地质调查、地质资源评价、地质资源勘查开发、水文地质或者工程地质勘查、环境地质调查、地质灾害评估与勘查、岩土工程勘察等活动。

2.0.2 地质资料 geological data

在地质工作中形成的文字、图表、声像、电磁介质等形式的原始地质资料、成果地质资料，以及岩矿芯、各类标本、光薄片、样品等实物地质资料。

2.0.3 地质信息 geological information

对地质工作中产生的地质资料，利用现代信息技术，按照统一的信息标准进行数字化加工形成的数据。

2.0.4 分类代码 category encoding

按照地质信息的内容、性质和应用要求，将具有共同属性或特征的信息归并在一起，并用字符码、数字码或字符数字混合码形成的唯一标识。

2.0.5 实体 entity

在地理空间范围中实际存在的、可以用空间图层进行归类描述的信息的数据集。

2.0.6 存储单元 storage unit

数据库中数据存储的基本单元，包括数据表、图层等。

2.0.7 图元 feature

图面上表示空间信息特征的基本单位，分为点、线（或弧段）、面、体四种类型。

2.0.8 属性 attribute

图元的特征。

2.0.9 图层 layer

由同类图元构成的数据集合，可包含图元的属性数据。

2.0.10 数据项 item

数据表中不可再分的最小单元。

2.0.11 元数据 metadata

说明数据的内容、范围、质量、状况和其他有关特征的描述信息。

2.0.12 数据质量元素 data quality element

说明对数据规范或用户要求符合程度的数据质量特性。

3 数据分类编码

3.1 一般规定

3.1.1 地质信息分类应涵盖本市地质工作所涉及的所有专业类型的数据源，包括基础地质、水文地质、工程地质、地质灾害和环境地质、地球物理勘查、地球化学勘查、地质资源以及遥感地质等数据。

3.1.2 地质信息的分类编码应根据地质信息的来源、特征和勘查方法，并综合考虑地质信息管理、地质信息系统建设和地质信息共享应用的需要确定。

3.1.3 分类编码应符合现行国家、行业标准有关分类代码体系，并符合科学性、系统性、可扩展性和兼容性原则。

3.1.4 地质信息根据来源应分为地质调查数据、地质环境监测数据和分析评价成果数据三个大类：

1 地质调查数据应包括对岩石、地层、构造、地貌等地质现象，通过野外综合调查、勘探、测试等手段直接获取的数据。

2 地质环境监测数据应包括对土壤、地下水、地质灾害等自然地质环境或者工程建设影响的地质环境及其变化，进行定期观察测量、采样测试、记录计算等产生的数据。

3 分析评价成果数据应包括对地质调查和地质环境监测数据进行加工处理、综合研究和分析评价所产生的地质成果数据。

3.2 分类代码

3.2.1 地质信息分类代码应采用 8 位数字码。第一、二位代表主题类，地质信息的代码为 95；第三位为大类，用数字 1～3 表示，1 表示地质调查数据，2 表示地质环境监测数据，3 表示分析评价成果数据；第四位为中类，用数字 1～9 表示；第五、六位为小类，用数字 01～99 表示；第七、八位为实体，用数字 01～99 表示。分类应符合表 3.2.1 的要求。

表 3.2.1 分类表

分类代码	大类	中类	小类
95100000	地质调查数据		
95110000		基础地质调查	
95110100			野外调查
95110200			基础地质钻探
95110300			样品测试
95120000		水文地质调查	
95120100			野外调查
95120200			水文地质钻探
95120300			现场试验
95120400			样品试验
95130000		工程地质调查	

续表

分类代码	大类	中类	小类
95130100			野外调查
95130200			工程地质钻探
95130300			原位测试
95130400			土工试验
95140000		地质灾害和环境地质调查	
95140100			地面沉降调查
95140200			地面塌陷调查
95140300			崩塌调查
95140400			地下水污染调查
95150000		地球物理勘探	
95150100			高精度重力法
95150200			高精度磁法
95150300			直流电法
95150400			电磁法
95150500			浅层地震法
95150600			放射性测量法
95150700			温度测量法
95150800			振动测试法
95150900			水域探测法
95151000			井中探测法
95160000		地球化学勘探	
95160100			水环境调查
95160200			土壤地球化学调查
95160300			沉积物地球化学调查
95160400			植物有效性调查
95160500			动物有效性调查
95160600			大气干湿沉降地球化学调查
95170000		地质资源调查	
95170100			野外调查
95170200			地质钻探
95170300			现场试验
95170400			样品测试
95180000		遥感地质调查	
95180100			航空遥感地质调查
95180200			航天遥感地质调查
95200000	地质环境监测数据		

续表

分类代码	大类	中类	小类
95210000		地下水监测	
95210100			地下水采灌井
95210200			水位监测井
95210300			水质监测井
95210400			孔隙水压力监测设施
95220000		地面沉降监测	
95220100			监测站
95220200			基岩标
95220300			分层标
95220400			水准点
95220500			GNSS 点
95220600			InSAR 监测
95230000		重大工程沉降监测	
95230100			监测基准网点
95230200			重大工程沉降监测点
95240000		海岸带地质环境监测	
95240100			水下地形
95240200			表层沉积物
95240300			水动力
95240400			悬浮泥沙
95240500			潮位
95250000		土地质量监测	
95250100			土壤
95250200			农作物
95250300			根系土
95250400			灌溉水
95250500			大气干湿沉降
95260000		地热能监测	
95260100			区域地温
95260200			应用工程
95270000		地应力监测	
95270100			监测站
95270200			监测点
95300000	分析评价成果数据		
95310000		基础地质评价	
95310100			柱状图与剖面图

续表

分类代码	大类	中类	小类
95310200			地貌
95310300			地层
95310400			岩浆岩
95310500			构造
95310600			地质遗迹
95310700			地壳稳定性评价
95310800			主要岩性-构造界面
95320000		水文地质评价	
95320100			柱状图与剖面图
95320200			含水层结构
95320300			地下水物理参数
95320400			地下水质量评价
95320500			地下水资源评价
95330000		工程地质评价	
95330100			柱状图与剖面图
95330200			工程地质层埋藏分布
95330300			工程地质分区
95330400			工程地质适宜性评价
95340000		地球物理解译	
95340100			高精度重力法成果
95340200			高精度磁法成果
95340300			直流电法成果
95340400			电磁法成果
95340500			浅层地震法成果
95340600			放射性测量法成果
95340700			温度测量法成果
95340800			振动测试法成果
95340900			水域探测法成果
95341000			井中探测法成果
95350000		地球化学评价	
95350100			元素含量分布
95350200			地球化学异常查证
95350300			地球化学质量评价
95350400			地球化学污染评价
95350500			地球化学综合评价
95360000		地质灾害和环境地质评价	

续表

分类代码	大类	中类	小类
95360100			地面沉降
95360200			海岸侵蚀与淤积
95360300			综合评价
95370000		地质资源评价	
95370100			矿产资源
95370200			滩涂资源
95370300			地下空间资源
95370400			地热能资源
95370500			地质旅游资源
95380000		遥感地质解译	
95380100			遥感推断构造
95380200			遥感解译地层

3.2.2 分类代码应符合本标准附录 A 的规定。

4 数据组织与结构

4.1 一般规定

4.1.1 地质数据的组织与数据结构应符合规范性、实用性、兼容性和可维护性的原则。

4.1.2 地质数据应包括空间要素、属性要素和时间要素，宜采用数据表和图层进行存储管理，并建立相应的关联关系。

4.1.3 地质数据存储单元及命名规则可采用分区域、分图幅、分专题、分要素相结合的方法。数据表命名应符合本标准第 4.2 节的要求，图层命名应符合本标准第 4.3 节的要求。

4.1.4 各类数据的数据结构应采用下列要素描述：

1 字段代码：唯一标识该数据项的代码，与数据项名称对应，在同一表内是唯一的。在引用标准中有相应项代码的，采用该代码。在引用标准中无相应项代码的，采用拼音首字母缩写或英文表示。

2 字段名称：数据项的中文名称或含义。

3 类型及长度：数据项的数据类型，用一个字符串表示，常用值应符合下列要求：

1） N：数字型，整型用 N(i)表示，浮点型用 N(i，j)表示，其中 i—为总长度，j—为小数位数；

2） C：字符串，以字节为单位，通常用于表示少于 512 个字节的字符串；

3） T：日期型，也可包含时间信息；

4） G：长二进制型，以字节为单位，通常用于存储二进制文件数据。

4 说明：该数据项的附加描述信息。

4.2 数据表命名和数据结构

4.2.1 数据表命名应由主体码与扩展码两部分组成。

1 主体码宜采用四位字符数字混合码，第一位代表数据性质，用大写英文字母表示，代码按表 4.2.1 执行；第二～四位代表数据分类，用 3 位数字表示，即本标准附录 A 分类代码中的中类、小类代码。

2 扩展码为可选编码，以“_”与主体码区分，采用英文或拼音首字母或具有一定含义的数字标识数据表内容。

表 4.2.1 数据性质代码

代码	类别
D	调查数据
J	监测数据
C	成果数据

4.2.2 地质数据的数据表命名应符合本标准附录 B 的规定，各数据表的数据结构宜按本标准附录 D 执行。

4.3 图层命名和数据结构

4.3.1 图层命名应由主体码与扩展码两部分组成。

1 主体码应采用6位字符数字混合码，第一位代表数据性质，用大写英文字母表示，代码按表4.2.1执行；第二～四位代表数据分类，用3位数字表示，即本标准附录A分类代码中的中类、小类代码；第五位代表图层性质，代码按表4.3.1执行；第六位为保留代码，可根据数据库管理的需要自定义，不用时用“0”填充。

2 扩展码为可选编码，以“_”与主体码区分，采用英文或拼音首字母或具有一定含义的数字标识数据表内容。

表 4.3.1 图层性质代码

字符代码	图层性质	字符代码	图层性质
P	点元	T	文本
L	线元	N	图饰
A	面元	S	辅助表(与主表关联的附表)
D	体元		

4.3.2 地质数据的图层命名应符合本标准附录C的规定，各图层的属性数据结构宜按本标准附录E执行。

5 数据管理基本要求

5.1 一般规定

5.1.1 地质数据生产和管理应符合国家、行业现行有关标准规定的要求，数据质量处于受控状态，并保证数据的真实性、完整性和准确性。

5.1.2 地质数据应符合下列技术要求：

1 地质数据的高程系统应采用吴淞高程系，平面坐标系统应采用上海平面坐标系。

2 地质数据应建立分类代码体系，分类编码应符合本标准第3章的要求。

3 地质数据表现形式宜以矢量图为主、栅格图为辅，可根据城市规划、建设和管理的需求来确定。

4 地质要素色标、符号、填充图案宜按现行国家标准《区域地质图图例》GB 958、《地质图用色标准》GB 6390、《综合工程地质图图例及色标》GB 12328、《综合水文地质图图例及色标》GB 14538等标准的规定选用。

5.1.3 地质数据应建立相应的元数据，对地质数据的内容、覆盖范围、质量、状况和其他有关特征进行诠释，元数据应适用于数据的管理、使用、发布、浏览、转换和共享各方面的要求。

5.1.4 地质数据应进行动态更新维护，保证数据的现势性。

1 地质数据生产单位应制定数据生产管理和更新维护技术规定。

2 地质数据更新宜采用先进技术，充分利用各种数据源。

3 地质数据更新前应做好历史数据的备份工作。

5.2 元数据

5.2.1 元数据由元数据信息、标识信息、数据内容信息、空间参照系信息、数据质量信息、分发信息6个元数据子集构成，具体内容宜按本标准附录F地质信息元数据内容执行。

5.2.2 元数据应根据地质数据的更新进行相应地实时更新。

5.2.3 元数据建立应符合完整性、准确性、结构性原则。

5.3 数据质量控制要求

5.3.1 地质数据采集、处理、分析过程中，应对各类地质数据集的空间数据、属性数据和元数据进行质量检查验收，并应提供相应的验证资料以说明所提供的数据符合本标准及其他相关标准规定的质量要求。

5.3.2 地质数据检查应按三级检查要求进行。

1 一级检查：作业组自查、互查，要求100%的全面检查。

2 二级检查：在一级检查的基础上，由项目组负责人或项目质检人员对作业组生产的数据进行100%的全面检查。

3 三级检查：在二级检查的基础上，对作业组生产的数据进行再检查。三级检查由生产单位的质量管理部门或质检员负责，按30%的抽检比例进行检查。

5.3.3 地质数据实行两级验收制度，即生产单位组织的初审和任务委托单位(机构)组织的验收。在抽样检查与评价的基础上给出验收结论和质量报告。

5.3.4 数据质量元素包括定量数据质量元素和定性数据质量元素。数据质量元素是数据质量检查与评价的基础，其组成和描述可按现行行业标准《数字地质数据质量检查与评价》DZ/T 0268 要求执行。

1 定量数据质量元素包括数据完整性、逻辑一致性、空间定位准确度、属性数据准确性和图面整饰规范性等元素。

2 定性数据质量元素是对数据质量的间接描述，包括数据生产的目的、适应性、用途和数据志等。

5.3.5 数据质量检查表可按现行行业标准《数字地质数据质量检查与评价》DZ/T 0268 要求执行。

5.3.6 数据质量检查验收宜覆盖现行行业标准《数字地质数据质量检查与评价》DZ/T 0268 第 4.2 节规定的质量元素，并记录数据质量验收结果。

附录A 分类代码

分类代码	大类	中类	小类	实体
95100000	地质调查数据			
95110000		基础地质调查		
95110100			野外调查	
95110101				调查区基本情况
95110102				调查路线基本情况
95110103				调查点基本情况
95110104				调查点内容描述
95110199				其他
95110200			基础地质钻探	
95110201				钻孔基本情况
95110202				基岩钻孔分层
95110203				第四纪钻孔分层
95110299				其他
95110300			样品测试	
95110301				岩石物性参数
95110302				岩石矿物鉴定
95110303				岩石化学分析
95110304				粘土矿物分析
95110305				重砂鉴定
95110306				粒度分析
95110307				同位素分析
95110308				地质测年
95110309				化石鉴定
95110310				古地磁分析
95110311				环境磁学测量
95110399				其他
95120000		水文地质调查		
95120100			野外调查	
95120101				调查区基本情况
95120102				调查路线基本情况
95120103				调查点基本情况
95120104				调查点内容描述
95120199				其他

续表

分类代码	大类	中类	小类	实体
95120200			水文地质钻探	
95120201				钻孔基本情况
95120202				钻孔地层分层
95120299				其他
95120300			现场试验	
95120301				抽水试验
95120302				试坑渗水试验
95120399				其他
95120400			样品试验	
95120401				水质分析
95120402				土样分析
95120403				同位素测试
95120499				其他
95130000		工程地质调查		
95130100			野外调查	
95130101				调查区基本情况
95130102				调查路线基本情况
95130103				调查点基本情况
95130104				调查点内容描述
95130199				其他
95130200			工程地质钻探	
95130201				项目基本信息
95130202				场地地层分层
95130203				钻孔基本信息
95130204				钻孔地层分层
95130205				钻孔地层描述
95130299				其他
95130300			原位测试	
95130301				标准贯入试验
95130302				静力触探测试
95130303				轻型动力触探试验
95130304				十字板剪切试验
95130305				载荷试验
95130306				旁压试验
95130307				扁铲侧胀试验
95130308				波速测试

续表

分类代码	大类	中类	小类	实体
95130309				场地微振动测试
95130310				岩土热响应试验
95130311				钻孔简易降水头注水试验
95130312				钻孔简易抽水试验
95130313				块体共振试验
95130399				其他
95130400			土工试验	
95130401				样品基本信息
95130402				常规试验
95130403				渗透试验
95130404				先期固结压力试验
95130405				三轴压缩试验
95130406				击实试验
95130407				承载比试验
95130408				动三轴试验
95130409				共振柱试验
95130410				热物性测试
95130411				地下水及土的腐蚀性试验
95130499				其他
95140000		地质灾害和环境地质调查		
95140100			地面沉降调查	
95140101				调查点信息
95140199				其他
95140200			地面塌陷调查	
95140201				调查点信息
95140299				其他
95140300			崩塌调查	
95140301				调查点信息
95140399				其他
95140400			地下水污染调查	
95140401				污染源信息
95140402				主要工矿企业排污信息
95140403				农药施用信息
95140404				化肥施用信息
95140405				污灌信息

续表

分类代码	大类	中类	小类	实体
95140406				入河排污口信息
95140407				海水入侵信息
95140499				其他
95150000		地球物理勘探		
95150100			高精度重力法	
95150101				测线数据
95150102				测点数据
95150103				基点观测数据
95150199				其他
95150200			高精度磁法	
95150201				测线数据
95150202				测点数据
95150203				基点观测数据
95150204				日变观测数据
95150299				其他
95150300			直流电法	
95150301				测线数据
95150302				测点数据
95150303				自然电场法数据
95150304				充电法数据
95150305				电剖面法数据
95150306				电测深法数据
95150307				高密度电阻率法数据
95150308				激发极化法数据
95150399				其他
95150400			电磁法	
95150401				测线数据
95150402				测点数据
95150403				电磁测深法数据
95150404				电磁剖面法数据
95150405				瞬变电磁法数据
95150406				探地雷达法数据
95150407				核磁共振法数据
95150499				其他
95150500			浅层地震法	
95150501				测线数据

续表

分类代码	大类	中类	小类	实体
95150502				反射波法数据
95150503				透射波法数据
95150504				折射波法数据
95150505				面波法数据
95150506				微动勘探法数据
95150599				其他
95150600			放射性测量法	
95150601				测线数据
95150602				测点数据
95150603				伽玛测量法数据
95150604				氡气测量法数据
95150699				其他
95150700			温度测量法	
95150701				测线数据
95150702				测点数据
95150703				红外热像法数据
95150704				地温测量法数据
95150705				大体积混凝土测温法数据
95150799				其他
95150800			振动测试法	
95150801				测线数据
95150802				测点数据
95150803				基础强迫振动测试法数据
95150804				微振动测试法数据
95150805				振动衰减测试法数据
95150899				其他
95150900			水域探测法	
95150901				测线数据
95150902				测点数据
95150903				声呐测深法数据
95150904				侧扫声呐法数据
95150905				水域地震法数据
95150906				浅地层剖面法数据
95150907				水域直流电法数据
95150908				水域磁法数据
95150999				其他

续表

分类代码	大类	中类	小类	实体
95151000			井中探测法	
95151001				测点数据
95151002				电测井数据
95151003				弹性波测井数据
95151004				电磁波测井数据
95151005				磁测井数据
95151006				井间层析成像数据
95151007				放射性测井数据
95151008				钻孔全景光学成像数据
95151009				超声成像测井数据
95151010				管波探测法数据
95151099				其他
95160000		地球化学勘探		
95160100			水环境调查	
95160101				地表水地球化学采样信息
95160102				地表水地球化学分析数据
95160103				浅层地下水地球化学采样信息
95160104				浅层地下水地球化学分析数据
95160199				其他
95160200			土壤地球化学调查	
95160201				表层土壤地球化学采样信息
95160202				表层土壤组合样信息
95160203				表层土壤全量元素分析数据
95160204				表层土壤有效态元素分析数据
95160205				表层土壤有机污染物分析数据
95160206				表层土壤形态分析数据
95160207				深层土壤地球化学采样信息
95160208				深层土壤组合样信息
95160209				深层土壤全量元素分析数据
95160210				深层土壤有效态元素分析数据
95160211				深层土壤有机污染物分析数据
95160212				深层土壤形态分析数据
95160213				土壤剖面采样信息
95160214				土壤剖面样品分析数据
95160299				其他
95160300			沉积物地球化学调查	

续表

分类代码	大类	中类	小类	实体
95160301				表层湖积物地球化学采样信息
95160302				表层湖积物地球化学分析数据
95160303				深层湖积物地球化学采样信息
95160304				深层湖积物地球化学分析数据
95160305				近岸海域表层地球化学采样信息
95160306				近岸海域表层地球化学分析数据
95160307				近岸海域深层地球化学采样信息
95160308				近岸海域深层地球化学分析数据
95160309				柱状样采样信息
95160310				柱状样地球化学分析数据
95160399				其他
95160400			植物有效性调查	
95160401				植物地球化学采样信息
95160402				植物地球化学分析数据
95160499				其他
95160500			动物有效性调查	
95160501				动物地球化学采样信息
95160502				动物地球化学分析数据
95160599				其他
95160600			大气干湿沉降地球化学调查	
95160601				大气干湿沉降采样信息
95160602				大气干湿沉降分析数据
95160699				其他
95170000		地质资源调查		
95170100			野外调查	
95170101				调查区基本情况
95170102				调查路线基本情况
95170103				调查点基本情况
95170104				调查点内容描述
95170199				其他
95170200			地质钻探	
95170201				钻孔基本情况
95170202				地热地层标准分层
95170203				钻孔地层分层
95170299				其他
95170300			现场试验	

续表

分类代码	大类	中类	小类	实体
95170301				热响应试验
95170302				地温测试
95170399				其他
95170400			样品测试	
95170401				土样常规
95170402				热物性
95170403				水质分析
95170499				其他
95180000		遥感地质调查		
95180100			航空遥感地质调查	
95180101				遥感数据
95180102				解译数据
95180199				其他
95180200			航天遥感地质调查	
95180201				遥感数据
95180202				解译数据
95180299				其他
95200000	地质环境监测数据			
95210000		地下水监测		
95210100			水量监测	
95210101				开采回灌井基本信息
95210102				开采回灌井监测数据
95210199				其他
95210200			水位监测	
95210201				监测井基本信息
95210202				监测数据
95210299				其他
95210300			水质监测	
95210301				监测井基本信息
95210302				监测数据
95210399				其他
95210400			孔隙水压力监测	
95210401				监测孔基本信息
95210402				监测数据
95210499				其他
95220000		地面沉降监测		

续表

分类代码	大类	中类	小类	实体
95220100			监测站	
95220101				地面沉降监测站基本信息
95220102				监测设施档案基本信息
95220199				其他
95220200			基岩标	
95220201				基岩标基本信息
95220202				基岩标监测数据
95220299				其他
95220300			分层标	
95220301				分层标基本信息
95220302				分层标监测数据
95220399				其他
95220400			水准点	
95220401				水准点基本信息
95220402				水准点监测数据
95220499				其他
95220500			GNSS 点	
95220501				GNSS 点基本信息
95220502				监测数据
95220599				其他
95220600			InSAR 监测	
95220601				角反射器基本信息
95220602				SAR 遥感影像数据
95220603				监测数据
95220699				其他
95230000		重大工程沉降监测		重大工程沉降监测设施基本信息
95230100			监测基准网点	
95230101				基岩标基本信息
95230102				基岩标监测数据
95230103				分层标组基本信息
95230104				分层标监测数据
95230105				水准点基本信息
95230106				水准点监测数据
95230199				其他
95230200			重大工程沉降监测点	
95230201				监测点基本信息

续表

分类代码	大类	中类	小类	实体
95230202				监测数据
95230299				其他
95240000		海岸带地质环境监测		
95240100			水下地形	
95240101				水下地形测线
95240102				水下地形固定测点
95240103				水下地形监测数据
95240104				旁侧声呐扫描影像
95240199				其他
95240200			表层沉积物	
95240201				表层沉积物取样点
95240202				表层沉积物粒度
95240203				表层沉积物地球化学
95240299				其他
95240300			水动力	
95240301				水动力测线
95240302				水动力测点
95240303				水动力监测数据
95240399				其他
95240400			悬浮泥沙	
95240401				悬浮泥沙测点
95240402				悬浮泥沙含量
95240499				其他
95240500			潮位	
95240501				潮位站基本信息
95240502				潮位监测数据
95240599				其他
95250000		土地质量监测		
95250100			土壤	
95250101				土壤监测点信息
95250102				土壤全量元素分析数据
95250103				土壤有机污染物分析数据
95250104				土壤有效态分析数据
95250105				土壤形态分析数据
95250106				土壤离子态分析数据
95250107				土壤理化指标数据

续表

分类代码	大类	中类	小类	实体
95250199				其他
95250200			农作物	
95250201				农作物监测点信息
95250202				农作物全量元素分析数据
95250203				农作物品质指标分析数据
95250299				其他
95250300			根系土	
95250301				根系土监测点信息
95250302				根系土全量元素分析数据
95250303				根系土有机污染物分析数据
95250304				根系土有效态分析数据
95250305				根系土形态分析数据
95250306				根系土离子态分析数据
95250399				其他
95250400			灌溉水	
95250401				灌溉水监测点信息
95250402				灌溉水全量元素分析数据
95250499				其他
95250500			大气干湿沉降	
95250501				大气干湿沉降监测点信息
95250502				大气干湿沉降全量元素分析数据
95250599				其他
95260000		地热能监测		
95260100			区域地温	
95260101				地温长期观测孔基本信息
95260102				地温监测数据
95260199				其他
95260200			应用工程	
95260201				浅层地热能应用工程跟踪监测场基本情况
95260202				地源热泵系统换热区监测孔信息
95260203				监测设备数据
95260204				地源热泵系统基本信息
95260205				地源热泵系统主要设备信息
95260206				地源热泵系统监测数据
95260299				其他

续表

分类代码	大类	中类	小类	实体
95270000		地应力监测		
95270100			监测站	
95270101				监测站基本信息
95270102				钻孔信息
95270199				其他
95270200			监测点	
95270201				监测点基本信息
95270202				传感器信息
95270203				监测数据
95270299				其他
95300000	分析评价成果数据			
95310000		基础地质评价		
95310100			柱状图与剖面图	
95310101				岩石地层单位
95310102				综合地层柱状图
95310103				地质剖面图
95310199				其他
95310200			地貌	
95310201				地貌单元
95310299				其他
95310300			地层	
95310301				地层界线
95310302				岩石地层分布
95310303				岩性分布
95310304				岩相分布
95310305				地层顶板标高等值线
95310306				地层底板标高等值线
95310307				地层厚度等值线
95310308				变质基底面等深线
95310309				印支侵蚀面等深线
95310399				其他
95310400			岩浆岩	
95310401				侵入岩分布
95310402				火山岩分布
95310403				火山口
95310499				其他

续表

分类代码	大类	中类	小类	实体
95310500			构造	
95310501				断裂
95310502				褶皱
95310503				盆地
95310504				地质构造单元
95310505				构造层分布
95310599				其他
95310600			地质遗迹	
95310601				地质遗迹点
95310602				地质遗迹集中区
95310699				其他
95310700			地壳稳定性评价	
95310701				地震震中
95310702				地震烈度分区
95310703				地壳稳定性分区
95310799				其他
95310800			主要岩性-构造界面	
95310801				基岩面等深线
95310802				居里面等深线
95310803				莫霍面等深线
95310804				变质基底面等深线
95310805				印支侵蚀面等深线
95310899				其他
95320000		水文地质评价		
95320100			柱状图与剖面图	
95320101				水文地质地层单位
95320102				水文地质综合柱状图
95320103				水文地质剖面
95320199				其他
95320200			含水层结构	
95320201				含水层厚度等值线
95320202				含水层顶板埋深等值线
95320203				含水层底板埋深等值线
95320204				含水层地质结构分区
95320205				含水层沉积环境分区
95320299				其他

续表

分类代码	大类	中类	小类	实体
95320300			地下水物理参数	
95320301				储水系数等值线
95320302				渗透系数等值线
95320303				导水系数等值线
95320399				其他
95320400			地下水质量评价	
95320401				水化学类型分区
95320402				要素含量分区
95320403				要素检出超标分布
95320404				要素质量评价
95320405				要素污染评价
95320406				防污性能分区
95320407				污染防治区划
95320499				其他
95320500			地下水资源评价	
95320501				水位分布
95320502				水位变幅
95320503				富水性分区
95320504				资源评价分区
95320505				开采利用现状分区
95320506				开采程度分区
95320507				超采区划分
95320599				其他
95330000		工程地质评价		
95330100			柱状图与剖面图	
95330101				工程地质层层序
95330102				工程地质综合柱状图
95330103				工程地质剖面图
95330199				其他
95330200			工程地质层埋藏分布	
95330201				地层厚度等值线
95330202				地层顶板标高等值线
95330203				地层缺失区
95330299				其他
95330300			工程地质分区	
95330301				工程地质分区

续表

分类代码	大类	中类	小类	实体
95330302				工程地质分区界线
95330399				其他
95330400			工程地质适宜性评价	
95330401				天然地基工程建设适宜性评价
95330402				建筑桩基工程建设适宜性评价
95330403				地下空间开发适宜性评价
95330499				其他
95340000		地球物理解译		
95340100			高精度重力法成果	
95340101				布格重力异常平面图
95340102				典型剖面图
95340103				剖面平面图
95340104				平面剖面地质解释图
95340199				其他
95340200			高精度磁法成果	
95340201				磁场剖面平面图
95340202				磁场平面等值线
95340203				解释推断成果图
95340299				其他
95340300			直流电法成果	
95340301				曲线图
95340302				平面等值线图
95340303				地电断面图
95340304				电阻率断面图
95340305				平面剖面图
95340306				平面剖面地质解释图
95340399				其他
95340400			电磁法成果	
95340401				视电阻率曲线图
95340402				视电阻率断面图
95340403				相位断面图
95340404				平面等值线图
95340405				电性标志层解释等深图
95340406				电性标志层解释等厚图
95340407				电压曲线图
95340408				电磁响应曲线图

续表

分类代码	大类	中类	小类	实体
95340409				雷达剖面图像
95340410				雷达成果解释剖面图
95340411				测深断面图
95340499				其他
95340500			浅层地震法成果	
95340501				时间剖面图
95340502				时深转换剖面图
95340503				频散曲线
95340504				速度-深度曲线
95340505				横波速度结构图
95340506				视 S 波速度剖面
95340507				推断解释剖面图
95340508				推断解释平面图
95340599				其他
95340600			放射性测量法成果	
95340601				曲线图
95340602				平面等值线
95340603				平面剖面图
95340604				平面剖面地质解释图
95340699				其他
95340700			温度测量法成果	
95340701				地温测量剖面图
95340702				地温测量平面等温线图
95340703				地温测量综合剖面图
95340704				地温-时间曲线图
95340799				其他
95340800			振动测试法成果	
95340801				幅频响应曲线
95340802				微振动时程曲线
95340803				幅频谱
95340804				功率谱图
95340899				其他
95340900			水域探测法成果	
95340901				侧扫声呐条幅图
95340902				侧扫声呐镶嵌图
95340903				地貌解释图

续表

分类代码	大类	中类	小类	实体
95340904				推断解释地质剖面图
95340905				推断解释地质平面图
95340999				其他
95341000			井中探测法成果	
95341001				电测井曲线
95341002				弹性波测井曲线
95341003				地磁波测井曲线
95341004				磁测井曲线
95341005				综合解释剖面图
95341006				地质解释剖面图
95341007				放射性测井曲线
95341099				其他
95350000		地球化学评价		
95350100			元素含量分布	
95350101				地球化学元素含量等值线
95350102				地球化学单元素异常评价
95350103				地球化学多元素综合异常评价
95350199				其他
95350200			地球化学异常查证	
95350201				地球化学单指标异常查证评价
95350202				地球化学综合指标异常查证评价
95350299				其他
95350300			地球化学质量评价	
95350301				单指标环境质量评价
95350302				综合指标环境质量评价
95350399				其他
95350400			地球化学污染评价	
95350401				单指标污染评价
95350402				综合指标污染评价
95350499				其他
95350500			地球化学综合评价	
95350501				土壤有益元素丰缺评价
95350502				土壤营养评价
95350503				农用地环境质量评价
95350504				农作物适宜性评价
95350599				其他

续表

分类代码	大类	中类	小类	实体
95360000		地质灾害和环境地质评价		
95360100			地面沉降	
95360101				地面沉降等值线
95360102				地面沉降易发程度
95360103				地面沉降危险性评价
95360104				地面沉降易损性评价
95360105				地面沉降风险评估
95360106				地面沉降防治管理分区
95360199				其他
95360200			海岸侵蚀与淤积	
95360201				水下地形
95360202				江(海)岸冲淤分布
95360203				沉积物分布
95360299				其他
95360300			综合评价	
95360301				地质环境区划
95360302				地质环境承载力评价
95360303				地质环境适宜性评价
95360399				其他
95370000		地质资源评价		
95370100			矿产资源	
95370101				矿产资源分布
95370199				其他
95370200			滩涂资源	
95370201				滩涂资源分布
95370202				砂源分布
95370203				后备土地资源评价
95370204				滩涂资源开发适宜性分区
95370299				其他
95370300			地下空间资源	
95370301				地下空间开发利用现状分布
95370302				地下空间开发适宜性分区
95370399				其他
95370400			地热能资源	
95370401				赋存条件分区

续表

分类代码	大类	中类	小类	实体
95370402				导热系数分布
95370403				比热容分布
95370404				恒温层分布
95370405				增温率分布
95370406				换热功率分布
95370407				资源潜力评价
95370499				其他
95370500			地质旅游资源	
95370501				地质遗迹点分布
95370502				地质遗迹线分布
95370503				地质遗迹面分布
95370504				地质公园
95370599				其他
95380000		遥感地质解译		
95380100			遥感推断构造	
95380200			遥感解译地层	

附录B　数据表命名

专业	序号	数据集名	数据内容	数据表名
基础地质调查	1	野外调查	调查区基本情况	D101_DCQ
			调查路线基本情况	D101_DCLX
			调查点基本情况	D101_DCD
			调查点内容描述	D101_DCDMS
	2	基础地质钻探	钻孔基本情况	D102_ENTITYINDEX
			基岩钻孔分层	D102_DC_JY
			第四纪钻孔分层	D102_DC_DSJ
	3	样品测试	岩石物性参数	D103_YSWXCS
			岩石矿物鉴定	D103_YSKWJD
			岩石化学分析	D103_YSHXFX
			粘土矿物分析	D103_NTKWFX
			重砂鉴定	D103_ZSJD
			粒度分析	D103_LDFX
			同位素分析	D103_TWSFX
			地质测年	D103_DZCN
			化石鉴定	D103_HSJD
			古地磁分析	D103_GDCFX
			环境磁学测量	D103_HJCXCL
水文地质调查	1	野外调查	调查区基本情况	D201_DCQ
			调查路线基本情况	D201_DCLX
			调查点基本情况	D201_DCD
			调查点内容描述	D201_DCDMS
	2	水文地质钻探	钻孔基本情况	D202_ENTITYINDEX
			钻孔地层分层	D202_DC
	3	现场试验	抽水试验	D203_CSSY
			试坑渗水试验	D203_SKSSSY
	4	样品试验	水质分析	D204_SZFX
			土样分析	D204_TYFX
			同位素测试	D204_TWSCS

续表

专业	序号	数据集名	数据内容	数据表名
工程地质调查	1	野外调查	调查区基本情况	D301_DCQ
			调查路线基本情况	D301_DCLX
			调查点基本情况	D301_DCD
			调查点内容描述	D301_DCDMS
	2	工程地质钻探	项目基本信息	D302_BASEINDEX
			场地地层分层	D302_PMLAYER
			钻孔基本信息	D302_PHOLEATT
			钻孔地层分层	D302_ZP93
			钻孔地层描述	D302_DESCRIBE
	3	原位测试	标准贯入试验	D303_PMBG
			静力触探测试	D303_TPFS
			轻型动力触探试验	D303_DPT
			十字板剪切试验	D303_SUDB
			载荷试验	D303_SLT
			旁压试验	D303_PMT
			扁铲侧胀试验	D303_DMT
			波速测试	D303_WAVE
			场地微振动测试	D303_SITE_MICRO_SEISMS
			岩土热响应试验	D303_SOIL_THERMAL_RESP
			钻孔简易降水头注水试验	D303_AFFUSION
			钻孔简易抽水试验	D303_WATER_PUMPING
			块体共振试验	D303_BLOCK_RESONANT
	4	土工试验	样品基本信息	D304_MAIN
			常规试验	D304_RULES
			试验常规计算参数	D304_RULECALE
			颗粒分析试验	D304_GRAIN
			常规固结试验	D304_CONSOLIDS
			先期固结压力试验	D304_CONDATION_PC
			三轴压缩试验	D304_TRIAL
			击实试验	D304_COMPACT_TEST
			承载比试验	D304_CBR
			动三轴及共振柱试验	D304_DYNAMIC_TRIAL
			热物性试验	D304_SOIL_THERMAL_TEST
			地下水及土的腐蚀性试验	D304_WATER_EROSION

续表

专业	序号	数据集名	数据内容	数据表名
地质灾害和环境地质调查	1	地面沉降调查	地面沉降调查点信息	D401_DMCJ
	2	地面塌陷调查	地面塌陷调查点信息	D402_DMTX
	3	崩塌调查	崩塌调查点信息	D403_BT
	4	地下水污染调查	污染源信息	D404_WRY
			主要工矿企业排污信息	D404_GKQYPW
			农药施用信息	D404_NYSY
			化肥施用信息	D404_HFSY
			污灌信息	D404_WG
			入河排污口信息	D404_RHPWK
			海水入侵信息	D404_HSRQ
地球物理勘探	1	高精度重力法	测线数据	D501_CX
			测点数据	D501_CD
			基点观测数据	D501_JDGC
	2	高精度磁法	测线数据	D502_CX
			测点数据	D502_CD
			基点观测数据	D502_JDGC
			日变观测数据	D502_RBGC
	3	直流电法	测线数据	D503_CX
			测点数据	D503_CD
			自然电场法数据	D503_ZRDCF
			充电法数据	D503_CDF
			电剖面法数据	D503_DPMF
			电测深法数据	D503_DCSF
			高密度电阻法数据	D503_GMDDZF
			激发极化法数据	D503_JFJHF
	4	电磁法	测线数据	D504_CX
			测点数据	D504_CD
			电磁测深法数据	D504_DCCSF
			电磁剖面法数据	D504_DCPMF
			瞬变电磁法数据	D504_SBDCF
			探地雷达法数据	D504_TDLDF
			核磁共振法数据	D504_HCGZF
	5	浅层地震法	测线数据	D505_CX
			反射波法数据	D505_FSBF
			透射波法数据	D505_TSBF
			折射波法数据	D505_ZSBF

续表

专业	序号	数据集名	数据内容	数据表名
地球物理勘探	5	浅层地震法	面波法数据	D505_MBF
			微动勘探法数据	D505_WDKTF
	6	放射性测量法	测线数据	D506_CX
			测点数据	D506_CD
			伽玛测量法数据	D506_GMCLF
			氡气测量法数据	D506_DQCLF
	7	温度测量法	测线数据	D507_CX
			测点数据	D507_CD
			红外热像法数据	D507_HWRXF
			地温测量法数据	D507_DWCLF
			大体积混凝土测温法数据	D507_HNTCWF
	8	振动测试法	测线数据	D508_CX
			测点数据	D508_CD
			基础强迫振动测试法数据	D508_JCQBZDF
			微振动测试法数据	D508_WZDF
			振动衰减测试法数据	D508_ZDSJF
	9	水域探测法	测线数据	D509_CX
			测点数据	D509_CD
			声呐测深法数据	D509_SNCSF
			侧扫声呐法数据	D509_CSSNF
			水域地震法数据	D509_SYDZF
			浅地层剖面法数据	D509_QDCPMF
			水域直流电法数据	D509_SYZLDF
			水域磁法数据	D509_SYCF
	10	井中探测法	测点数据	D510_CD
			电测井数据	D510_DCJ
			弹性波测井数据	D510_DXBCJ
			电磁波测井数据	D510_DCBCJ
			磁测井数据	D510_CCJ
			井间层析成像数据	D510_JJCXCX
			放射性测井数据	D510_FSXCJ
			钻孔全景光学成像数据	D510_ZKQJGXCX
			超声成像测井数据	D510_CSCXCJ
			管波探测法数据	D510_GBTCF

续表

专业	序号	数据集名	数据内容	数据表名
地球化学勘探	1	水环境调查	地表水地球化学采样信息	D601_DBSCY
			地表水地球化学分析数据	D601_DBSFX
			浅层地下水地球化学采样信息	D601_QCDXSCY
			浅层地下水地球化学分析数据	D601_QCDXSFX
	2	土壤地球化学调查	表层土壤地球化学采样信息	D602_BCTRCY
			表层土壤组合样信息	D602_BCTRZH
			表层土壤全量元素分析数据	D602_BCTQLFX
			表层土壤有效态元素分析数据	D602_BCTYXTFX
			表层土壤有机污染物分析数据	D602_BCTYJWRFX
			表层土壤形态分析数据	D602_BCTXTFX
			深层土壤地球化学采样信息	D602_SCTCY
			深层土壤组合样信息	D602_SCTZHY
			深层土壤全量元素分析数据	D602_SCTQLFX
			深层土壤有效态元素分析数据	D602_SCTYXTFX
			深层土壤有机污染物分析数据	D602_SCTYJWRFX
			深层土壤形态分析数据	D602_SCTXTFX
			土壤剖面采样信息	D602_TRPMCY
			土壤剖面样品分析数据	D602_TYPMYPFX
	3	沉积物地球化学调查	表层湖积物地球化学采样信息	D603_BCHJWCY
			表层湖积物地球化学分析数据	D603_BCHJWFX
			深层湖积物地球化学采样信息	D603_SCHJWCY
			深层湖积物地球化学分析数据	D603_SCHJWFX
			近岸海域表层地球化学采样信息	D603_HYBCCY
			近岸海域表层地球化学分析数据	D603_HYBCFX
			近岸海域深层地球化学采样信息	D603_HYSCCY
			近岸海域深层地球化学分析数据	D603_HYSCFX
			柱状样采样信息	D603_ZZYCY
			柱状样地球化学分析数据	D603_ZZYFX
	4	植物有效性调查	植物地球化学采样信息	D604_ZWCY
			植物地球化学分析数据	D604_ZWFX
	5	动物有效性调查	动物地球化学采样信息	D605_DWCY
			动物地球化学分析数据	D605_DWFX
	6	大气干湿沉降地球化学调查	大气干湿沉降采样信息	D606_DQCY
			大气干湿沉降分析数据	D606_DQFX

专业	序号	数据集名	数据内容	数据表名
地质资源调查	1	野外调查	调查区基本情况	D701_DCQ
			调查路线基本情况	D701_DCLX
			调查点基本情况	D701_DCD
			调查点内容描述	D701_DCDMS
	2	地质钻探	钻孔基本情况	D702_ENTITYINDEX
			地热地层标准分层	D702_DR_BZDC
			地热钻孔地层分层	D702_DR_ZKDC
	3	现场试验	热响应测试	D703_RXY
			原始地温测试	D703_YSDW
	4	样品试验	土工及热物性试验	D704_SOILTESTS
			常规水质分析	D704_SZFX
遥感地质调查	1	航空遥感地质调查	航空遥感数据	D801_HKYG
			航空遥感解译数据	D801_HKJY
	2	航天遥感地质调查	航天遥感数据	D802_HTYG
			航天遥感解译数据	D802_HTJY
地下水监测	1	基本信息	地下水监测设施基本信息	J100_ENTITY_BASE
	2	水量监测	开采回灌井基本信息	J101_PUMPING_WELL
			开采回灌井监测数据	J101_WATER_AMOUNT_DATA
	3	水位监测	监测井基本信息	J102_MONITORING_WELL
			监测数据	J102_WATERLEVEL_DATA
	4	水质监测	监测井基本信息	J103_WATERQLTYMON_WELL
			监测数据	J103_WATERQLTY_DATA
	5	孔隙水压力监测	监测孔基本信息	J104_POREWATER_PIPE
			监测数据	J104_POREWATERLEVEL_DATA
地面沉降监测	1	基本信息	地面沉降监测设施基本信息	J200_ENTITY_BASE
	2	监测站	地面沉降监测站基本信息	J201_ENTITY_GROUP
			监测设施档案基本信息	J201_ZARCHIVEMAIN
	3	基岩标	基岩标基本信息	J202_BENCHROCK_MARK
			基岩标监测数据	J202_BENCHROCK_MARK_DATA
	4	分层标	分层标基本信息	J203_LAYER_MARK
			分层标监测数据	J203_LAYER_MARK_DATAH
	5	水准点	水准点基本信息	J204_BENCHMARK_POINT
			水准点监测数据	J204_BENCHMARK_DATA
	6	GNSS 点	GNSS 点基本信息	J205_GNSS_POINT
			监测数据	J205_GNSS_POINT_DATA
	7	InSAR 监测	角反射器基本信息	J206_JFSQJBXX
			SAR 遥感影像数据	J206_INSAR_DES
			监测数据	J206_INSAR_DATA

续表

专业	序号	数据集名	数据内容	数据表名
重大工程沉降监测	1	基本信息	重大工程沉降监测设施基本信息	J300_ENTITY_BASE
	2	监测基准网点	基岩标基本信息	J202_BENCHROCK_MARK
			基岩标监测数据	J202_BENCHROCK_MARK_DATA
			分层标组基本信息	J203_LAYER_MARK
			分层标监测数据	J203_LAYER_MARK_DATAH
			水准点基本信息	J204_BENCHMARK_POINT
			水准点监测数据	J204_BENCHMARK_DATA
	3	重大工程沉降监测点	监测点基本信息	J302_PROJ_BENCHMARK_POINT
			监测数据	J302_PROJ_BENCHMARK_DATA
海岸带地质环境监测	1	水下地形	水下地形测线	J401_CX
			水下地形固定测点	J401_GDCD
			水下地形监测数据	J401_SSD_DATA
			旁侧声呐扫描影像	无
	2	表层沉积物	表层沉积物取样点	J402_QYD
			表层沉积物粒度	J402_LD
			表层沉积物地球化学	J402_DQHX
	3	水动力	水动力测线	J403_CX
			水动力测点	J403_CD
			水动力监测数据	J403_CD_DATA
	4	悬浮泥沙	悬浮泥沙测点	J404_CD
			悬浮泥沙含量	J404_HL
	5	潮位	潮位站基本信息	J405_CWZ_BASE
			潮位监测数据	J405_CWZ_DATA
土地质量监测	1	土壤	土壤监测点信息	J501_TRJCJXX
			土壤全量元素分析数据	J501_TRQLYS
			土壤有机污染物分析数据	J501_TRYJWR
			土壤有效态分析数据	J501_TRYXT
			土壤形态分析数据	J501_TRXT
			土壤离子态分析数据	J501_TRLZT
			土壤理化指标数据	J501_TRLHZB
	2	农作物	农作物监测点信息	J502_NZWJCJXX
			农作物全量元素分析数据	J502_NZWQLYS
			农作物品质指标分析数据	J502_NZWPZZB
	3	根系土	根系土监测点信息	J503_GXTJCJXX
			根系土全量元素分析数据	J503_GXTQLYS
			根系土有机污染物分析数据	J503_GXTYJWR
			根系土有效态分析数据	J503_GXTYXT

续表

专业	序号	数据集名	数据内容	数据表名
土地质量监测	3	根系土	根系土形态分析数据	J503_GXTXT
			根系土离子态分析数据	J503_GXTLZT
	4	灌溉水	灌溉水监测点信息	J504_GGSJCJXX
			灌溉水全量元素分析数据	J504_GGSQLYS
	5	大气干湿沉降	大气干湿沉降监测点信息	J505_JQJCJXX
			大气干湿沉降全量元素分析数据	J505_JQQLYS
地热能监测	1	区域地温	地温长期观测孔基本信息	J601_DW_GCK
			地温监测数据	J601_DW_JCSJ
	2	应用工程	浅层地热能应用工程跟踪监测场基本情况	J602_GZJCC
			地源热泵系统换热区监测孔信息	J602_JCK
			监测设备数据	J602_JCSB
			地源热泵系统基本信息	J602_RBXT_JBXX
			地源热泵系统主要设备信息	J602_RBXT_ZYSB
			地源热泵系统监测数据	J602_RBXT_JCSJ
地应力监测	1	监测站	监测站基本信息	J701_JCZ
			钻孔信息	J701_DYLZK
	2	监测点	监测点基本信息	J702_JCD
			传感器信息	J702_CGQ
			监测数据	J702_JCSJ

附录 C 图层命名

专业	序号	数据集名	数据集要素	几何特征	图层名	备注
基础地质评价	1	柱状图与剖面图	岩石地层单位			图像
			综合地层柱状图			图像
			地质剖面图			图像
	2	地貌	地貌单元	Polygon	C102A0_LXFQ	
	3	地层	地层界线	Line	C103L0_DZJX	
			岩石地层分布	Polygon	C103A0_YSDC	
			岩性分布	Polygon	C103A0_LITHOLOGY	
			岩相分布	Polygon	C103A0_LITHOFACIES	
			地层顶板标高等值线	Line	C103L0_TOPDGX	
			地层底板标高等值线	Line	C103L0_BOTTOMDGX	
			地层厚度等值线	Line	C103L0_HDDZX	
			变质基底面等深线	Line	C103L0_BZJDM	
			印支侵蚀面等深线	Line	C103L0_YZQSM	
	4	岩浆岩	侵入岩分布	Polygon	C104A0_QRY	
			火山岩分布	Polygon	C104A0_HSY	
			火山口	Point	C104P0_HSK	
	5	构造	断裂	Line	C105L0_DL	
			褶皱	Line	C105L0_ZZ	
			盆地	Polygon	C105A0_PD	
			地质构造分区	Polygon	C105A0_GZFQ	
			构造层分布	Polygon	C105A0_GZFQ	
	6	地质遗迹	地质遗迹点	Point	C106P0_DZYJ	
			地质遗迹集中区	Polygon	C106A0_DZYJ	
	7	稳定性评价	地震震中	Point	C107P0_DZZZ	
			地震烈度分区	Polygon	C107A0_DZLD	
			地壳稳定性分区	Polygon	C107A0_WDXFQ	
	8	主要岩性-构造界面	基岩面等深线	Line	C108L0_JYM	
			居里面等深线	Line	C108L0_JLM	
			莫霍面等深线	Line	C108L0_MHM	
			变质基底面等深线	Line	C108L0_BZJDM	
			印支侵蚀面等深线	Line	C108L0_YZQSM	
水文地质评价	1	柱状图与剖面图	水文地质地层单位			图像
			水文地质综合柱状图			图像
			水文地质剖面			图像

续表

专业	序号	数据集名	数据集要素	几何特征	图层名	备注
水文地质评价	2	含水层结构	含水层厚度等值线	Line	C202L0_HD_ **	** 根据含水层编号确定，潜水—00，微承压—07，第一承压—01，第二承压—02，第三承压—03，第四上承压—41，第四下承压—43，第四承压—04，第五承压—05；地下水化学图中：承压—09，下同
			含水层顶板埋深等值线	Line	C202L0_TOP_ **	
			含水层底板埋深等值线	Line	C202L0_BOTTOM_ **	
			含水层地质结构分区	Polygon	C202A0_DZJG_ **	
			含水层沉积环境分区	Polygon	C202A0_CJHJ_ **	
	3	地下水物理参数	储水系数等值线	Line	C203L0_CSXS_ **	** 根据含水层编号确定
			渗透系数等值线	Line	C203L0_STXS_ **	
			导水系数等值线	Line	C203L0_DSXS_ **	
	4	地下水质量评价	水化学类型分区	Polygon	C204A0_SHXLX_ **	
			要素含量分区	Polygon	C204A0_HL_ ** _##	## 根据要素确定:元素符号、英文简写或拼音首字母缩写
			要素检出超标(项数)分布	Point	C204P0_CB_ ** _##	
			要素质量评价	Polygon	C204A0_ZLPJ_ ** _##	
			要素污染评价	Polygon	C204A0_WRPJ_ ** _##	
			防污性能分区	Polygon	C204A0_FWXN	
			污染防治区划	Polygon	C204A0_WRFZ	
	5	地下水资源评价	水位分布	Line	C205L0_SW_ **	** 根据含水层编号确定
			水位变幅	Line	C205L0_SWBF_ **	
			富水性分区	Polygon	C205A0_FSX_ **	
			资源评价分区	Polygon	C205A0_ZYPJ_ **	
			开采利用现状分区	Polygon	C205A0_KCLYXZ_ **	
			开采程度分区	Polygon	C205A0_KCCD_ **	
			超采区划分	Polygon	C205A0_CCQ_ **	
工程地质评价	1	柱状图与剖面图	工程地质层层序			图像
			工程地质综合柱状图			图像
			工程地质剖面图			图像
	2	工程地质层埋藏分布	地层厚度等值线	Line	C302L0_HD_ **	** 根据分层编号确定
			地层层顶标高等值线	Line	C302L0_BG_ **	
			地层缺失区	Polygon	C302A0_QSQ_ **	
	3	工程地质分区	工程地质分区	Polygon	C303A0_GCDZFQ	
			工程地质分区界线	Line	C303L0_GCDZFQJX	
	4	工程地质适宜性评价	天然地基工程建设适宜性评价	Polygon	C304A0_TRDJSYX	

续表

专业	序号	数据集名	数据集要素	几何特征	图层名	备注
工程地质	4	工程地质适宜性评价	建筑桩基工程建设适宜性评价	Polygon	C304A0_JZZJSYX	
			地下空间开发适宜性评价	Polygon	C304A0_DXKJSYX	
地球物理解译	1	高精度重力法成果	布格重力异常平面图	Line	C401L0_BGZLYC	
			典型剖面图			图像
			剖面平面图			图像
			平面剖面地质解释图			图像
	2	高精度磁法成果	磁场剖面平面图			图像
			磁场平面等值线	Line	C402L0_CCPMDZX	
			解释推断成果图			图像
	3	直流电法成果	曲线图			图像
			平面等值线图	Line	C403L0_PMDZX	
			地电断面图			图像
			电阻率断面图			图像
			平面剖面图			图像
			平面剖面地质解释图			图像
	4	电磁法成果	视电阻率曲线图			图像
			视电阻率断面图			图像
			相位断面图			图像
			平面等值线图	Line	C404L0_PMDZX	
			电性标志层解释等深图	Line	C404L0_DBZCJSDSX	
			电性标志层解释等厚图	Line	C404L0_DBZCJSDHX	
			电压曲线图			图像
			电磁响应曲线图			图像
			雷达剖面图像			图像
			雷达成果解释剖面图			图像
			测深断面图			图像
	5	浅层地震法成果	时间剖面图			图像
			时深转换剖面图			图像
			频散曲线			图像
			速度-深度曲线			图像
			横波速度结构图			图像
			视 S 波速度剖面			图像
			推断解释剖面图			图像
			推断解释平面图			图像
	6	放射性测量法成果	曲线图			图像
			平面等值线	Line	C406L0_PMDZX	

续表

专业	序号	数据集名	数据集要素	几何特征	图层名	备注
地球物理解译	6	放射性测量法成果	平面剖面图			图像
			平面剖面地质解释图			图像
	7	温度测量法成果	地温测量剖面图			图像
			地温测量平面等温线图	Line	C407L0_PMDWX	
			地温测量综合剖面图			图像
			地温-时间曲线图			图像
	8	振动测试法成果	幅频响应曲线			图像
			微振动时程曲线			图像
			幅频谱			图像
			功率谱图			图像
	9	水域探测法成果	侧扫声呐条幅图			图像
			侧扫声呐镶嵌图			图像
			地貌解释图			图像
			推断解释地质剖面图			图像
			推断解释地质平面图			图像
	10	井中探测法成果	电测井曲线			图像
			弹性波测井曲线			图像
			地磁波测井曲线			图像
			磁测井曲线			图像
			综合解释剖面图			图像
			地质解释剖面图			图像
			放射性测井曲线			图像
地球化学评价	1	元素含量分布	地表水地球化学元素含量等值线	Line	C501L0_DMS_**_##	**为元素名或指标名；##为不同态，如铅有强有机态、水溶态等；若用面元表示改L为A；下同
			地表水地球化学单元素异常评价	Line	C501L1_DMS_**_##	
			地表水地球化学多元素综合异常评价	Line	C501L2_DMS_**_##	
			浅层地下水地球化学元素含量等值线	Line	C501L0_DXS_**_##	
			浅层地下水地球化学单元素异常评价	Line	C501L1_DXS_**_##	
			浅层地下水地球化学多元素综合异常评价	Line	C501L2_DXS_**_##	
			表层土壤地球化学元素含量等值线	Line	C501L0_BCT_**_##	
			表层土壤地球化学单元素异常评价	Line	C501L1_BCT_**_##	
			表层土壤地球化学多元素综合异常评价	Line	C501L2_BCT_**_##	
			深层土壤地球化学元素含量等值线	Line	C501L0_SCT_**_##	
			深层土壤地球化学单元素异常评价	Line	C501L1_SCT_**_##	
			深层土壤地球化学多元素综合异常评价	Line	C501L2_SCT_**_##	
			表层湖积物地球化学元素含量等值线	Line	C501L0_BCHJW_**_##	
			表层湖积物地球化学单元素异常评价	Line	C501L1_BCHJW_**_##	

续表

专业	序号	数据集名	数据集要素	几何特征	图层名	备注
地球化学评价	1	元素含量分布	表层湖积物地球化学多元素综合异常评价	Line	C501L2_BCHJW_ ** _##	** 为元素名或指标名；## 为不同态，如铅有强有机态、水溶态等；若用面元表示改 L 为 A;下同
			深层湖积物地球化学元素含量等值线	Line	C501L0_SCHJW_ ** _##	
			深层湖积物地球化学单元素异常评价	Line	C501L1_SCHJW_ ** _##	
			深层湖积物地球化学多元素综合异常评价	Line	C501L2_SCHJW_ ** _##	
			近岸海域表层沉积物地球化学元素含量等值线	Line	C501L0_HYBC_ ** _##	
			近岸海域表层沉积物地球化学单元素异常评价	Line	C501L1_HYBC_ ** _##	
			近岸海域表层沉积物地球化学多元素综合异常评价	Line	C501L2_HYBC_ ** _##	
			近岸海域深层沉积物地球化学元素含量等值线	Line	C501L0_HYSC_ ** _##	
			近岸海域深层沉积物地球化学单元素异常评价	Line	C501L1_HYSC_ ** _##	
			近岸海域深层沉积物地球化学多元素综合异常评价	Line	C501L2_HYSC_ ** _##	
			大气降尘地球化学元素分析值	Point	C501P0_DQ_ ** _##	
			生物地球化学元素分析值	Point	C501P0_SW_ ** _##	
	2	地球化学异常查证	地表水地球化学单指标异常查证评价	Line	C501L1_DMS_ ** _##	
			地表水地球化学综合指标异常查证评价	Line	C501L2_DMS_ ** _##	
			浅层地下水地球化学单指标异常查证评价	Line	C501L1_DXS_ ** _##	
			浅层地下水综合指标地球化学异常查证评价	Line	C501L2_DXS_ ** _##	
			表层土壤地球化学单指标异常查证评价	Line	C501L1_BCT_ ** _##	
			表层土壤地球化学综合指标异常查证评价	Line	C501L2_BCT_ ** _##	
			深层土壤地球化学单指标异常查证评价	Line	C501L1_SCT_ ** _##	
			深层土壤地球化学综合指标异常查证评价	Line	C501L2_SCT_ ** _##	
			表层湖积物地球化学单指标异常查证评价	Line	C501L1_BCHJW_ ** _##	
			表层湖积物地球化学综合指标异常查证评价	Line	C501L2_BCHJW_ ** _##	
			深层湖积物地球化学单指标异常查证评价	Line	C501L1_SCHJW_ ** _##	
			深层湖积物地球化学综合指标异常查证评价	Line	C501L2_SCHJW_ ** _##	

续表

专业	序号	数据集名	数据集要素	几何特征	图层名	备注
地球化学评价	2	地球化学异常查证	近岸海域表层沉积物地球化学单指标异常查证评价	Line	C501L1_HYBC_**_##	
			近岸海域表层沉积物地球化学综合指标异常查证评价	Line	C501L2_HYBC_**_##	
			近岸海域深层沉积物地球化学单指标异常查证评价	Line	C501L1_HYSC_**_##	
			近岸海域深层沉积物地球化学综合指标异常查证评价	Line	C501L2_HYSC_**_##	
	3	地球化学质量评价	地表水单指标环境质量评价	Polygon	C503A0_DMS_**_##	
			地表水综合指标环境质量评价	Polygon	C503A1_DMS_**_##	
			浅层地下水单指标环境质量评价	Polygon	C503A0_DXS_**_##	
			浅层地下水综合指标环境质量评价	Polygon	C503A1_DXS_**_##	
			表层土壤单指标环境质量评价	Polygon	C503A0_BCT_**_##	
			表层土壤综合指标环境质量评价	Polygon	C503A1_BCT_**_##	
			深层土壤单指标环境质量评价	Polygon	C503A0_SCT_**_##	
			深层土壤综合指标环境质量评价	Polygon	C503A1_SCT_**_##	
			表层湖积物单指标环境质量评价	Polygon	C503A0_BCHJW_**_##	
			表层湖积物综合指标环境质量评价	Polygon	C503A1_BCHJW_**_##	
			深层湖积物单指标环境质量评价	Polygon	C503A0_SCHJW_**_##	
			深层湖积物综合指标环境质量评价	Polygon	C503A1_SCHJW_**_##	
			近岸海域表层沉积物单指标环境质量评价	Polygon	C503A0_HYBC_**_##	
			近岸海域表层沉积物综合指标环境质量评价	Polygon	C503A1_HYBC_**_##	
			近岸海域深层沉积物单指标环境质量评价	Polygon	C503A0_HYSC_**_##	
			近岸海域深层沉积物综合指标环境质量评价	Polygon	C503A1_HYSC_**_##	
			大气单指标环境质量评价	Polygon	C503A0_DQ_**_##	
			大气综合指标环境质量评价	Polygon	C503A1_DQ_**_##	
			生物单指标环境质量评价	Polygon	C503A0_SW_**_##	
			生物综合指标环境质量评价	Polygon	C503A1_SW_**_##	

续表

专业	序号	数据集名	数据集要素	几何特征	图层名	备注
地球化学评价	4	地球化学污染评价	地表水单指标污染评价	Polygon	C504A0_DMS_ ** _##	
			地表水综合指标污染评价	Polygon	C504A1_DMS_ ** _##	
			浅层地下水单指标污染评价	Polygon	C504A0_DXS_ ** _##	
			浅层地下水综合指标污染评价	Polygon	C504A1_DXS_ ×× _##	
			表层土壤单指标污染评价	Polygon	C504A0_BCT_ ** _##	
			表层土壤综合指标污染评价	Polygon	C504A1_BCT_ ** _##	
			深层土壤单指标污染评价	Polygon	C504A0_SCT_ ** _##	
			深层土壤综合指标污染评价	Polygon	C504A1_SCT_ ** _##	
			表层湖积物单指标污染评价	Polygon	C504A0_BCHJW_ ** _##	
			表层湖积物综合指标污染评价	Polygon	C504A1_BCHJW_ ** _##	
			深层湖积物单指标污染评价	Polygon	C504A0_SCHJW_ ** _##	
			深层湖积物综合指标污染评价	Polygon	C504A1_SCHJW_ ** _##	
			近岸海域表层沉积物单指标污染评价	Polygon	C504A0_HYBC_ ** _##	
			近岸海域表层沉积物综合指标污染评价	Polygon	C504A1_HYBC_ ** _##	
	5	地球化学综合评价	土壤有益元素丰缺评价	Polygon	C505A0_TR_ ** _##	
			土壤营养评价	Polygon	C505A1_TR_ ** _##	
			农用地环境质量	Polygon	C505A0_NYDHJZL	
			农作物适宜性评价	Polygon	C505A0_NZWSYX	
			土地利用评价	Polygon	C505A0_TDLY	
地质灾害和环境地质评价	1	地面沉降	地面沉降等值线	Line	C601L0_DZX	
			地面沉降易发程度	Polygon	C601A0_YFXPJ	
			地面沉降危险性评价	Polygon	C601A0_WXXPJ	
			地面沉降易损性评价	Polygon	C601A0_YSXPJ	
			地面沉降风险评估	Polygon	C601A0_FXPJ	
			地面沉降防治管理分区	Polygon	C601A0_FXGL	
	2	海岸侵蚀与淤积	水下地形	Polygon	C602A0_SXDX	
			江(海)岸冲淤分布	Polygon	C602A0_CYFB	
			沉积物分布	Polygon	C602A0_CJWFB	
	5	综合评价	地质环境区划	Polygon	C603A0_DZHJQH	
			地质环境承载力评价	Polygon	C603A0_CZLPJ	
			地质环境适宜性评价	Polygon	C603A0_SYXPJ	

续表

专业	序号	数据集名	数据集要素	几何特征	图层名	备注
地质资源评价	1	矿产资源	矿产资源分布	Polygon	C701A0_KCZY	
	2	滩涂资源	滩涂资源分布	Polygon	C702A0_TTZY	
			砂源分布	Polygon	C702A0_SYFB	
			后备土地资源评价	Polygon	C702A0_HBTDZY	
			滩涂资源开发适宜性分区	Polygon	C702A0_KFSYX	
	3	地下空间资源	地下空间开发利用现状分布	Polygon	C703A0_LYXZ	
			地下空间开发适宜性分区	Polygon	C703A0_KFSYX	
	4	地热能资源	浅层地热赋存条件分区	Polygon	C704A0_FCTJ	
			浅部岩土体导热系数分布	Polygon	C704A0_DRXS	
			浅部岩土体比热容分布	Polygon	C704A0_BRR	
			恒温层分布	Polygon	C704A0_HWC	
			浅部增温率分布	Polygon	C704A0_ZWL	
			浅部岩土体换热功率分布	Polygon	C704A0_HRGL	
			浅层地热资源潜力评价	Polygon	C704A0_ZYQL	
	5	地质旅游资源	地质遗迹点分布	Point	C705P0_DZYJ	
			地质遗迹线分布	Line	C705L0_DZYJ	
			地质遗迹面分布	Polygon	C705A0_DZYJ	
			地质公园	Polygon	C705A0_DZGY	
遥感地质解译	1	遥感推断构造	断裂分布	Line	C801L0_TDGZ	
	2	遥感解译地层	地层分布	Polygon	C802A0_JYDC	

附录 D　数据表结构

D.1　基础地质调查数据表

表 D.1－1　调查区基本情况(表名:D101_DCQ)

字段代码	字段名称	类型及长度	说明
AREAID	调查区 ID	N(5)	
AREANAME	调查区名称	C(100)	

表 D.1－2　调查路线基本情况(表名:D101_DCLX)

字段代码	字段名称	类型及长度	说明
ROUTEID	调查路线 ID	N(5)	
AREAID	调查区 ID	N(5)	
ROUTEFLDNO	路线野外编号	C(20)	专业类别代码(2 位)+日期(8 位)+顺序号(10 位,根据项目需要自行编号)
CHAMAC	图幅名称及编号	C(20)	
ROUTETASK	路线目的任务	C(100)	
ROUTEDESC	路线起(经)止	C(100)	
ROUTELEN	路线长度	N(6,1)	单位: km
INVESTDATE	调查起止日期	C(20)	
ATTANDENT	参加人员	C(50)	
WEATHER	天气状况	C(50)	
SWBDAE	调查点数量	C(50)	
SWBDF	路线小结	C(4000)	
PROJNAME	项目名称	C(60)	
INVESTDEPT	调查单位	C(60)	
INCHARGE	负责人	C(30)	
NOTE	备注	C(500)	

表 D.1－3　调查点基本情况(表名:D101_DCD)

字段代码	字段名称	类型及长度	说明
INVESPNTID	调查点 ID	N(9)	
ROUTEID	调查路线 ID	N(5)	
INVESPNTNO	野外编号	C(20)	
INVESPNTNAME	调查点名称	C(60)	
TKCAF	东坐标	N(11,3)	单位:m
TKCAG	北坐标	N(11,3)	单位:m

续表

字段代码	字段名称	类型及长度	说明
GRNDHEIGHT	地面高程	N(6,3)	单位：m
TKALB	地理位置	C(60)	
CHAMAC	图幅名称及编号	C(20)	
INVESPNTTYPE	调查点类型	C(120)	

表 D.1－4　调查点内容描述(表名:D101_DCDMS)

字段代码	字段名称	类型及长度	说明
ROUTEID	调查路线 ID	N(5)	
INVESPNTID	调查点 ID	N(9)	
ROUTEOBSERV	沿途观测	C(200)	
LANDGEOLOGY	地貌与地质	C(4000)	
SAMPLEDESC	取样情况	C(100)	
DOCTYPE	文档类型描述	C(40)	
PHOTONO	照片编号	C(30)	
FLDDESCNO	野外编录编号	C(30)	
MMFILENO	多媒体文件编号	C(30)	
FILEPATH	文件存放位置	C(128)	

表 D.1－5　钻孔基本情况(表名:D102_ENTITYINDEX)

字段代码	字段名称	类型及长度	说明
ENTITYID	钻孔 ID 编号	N(10)	
TKALA	钻孔编号	C(20)	
TKALAA	原编号	C(20)	
TKCAF	东坐标	N(11,3)	单位:m
TKCAG	北坐标	N(11,3)	单位:m
QDAF	行政区划	C(6)	
QDAFA	乡镇	C(12)	
TKALB	详细地址	C(60)	
CHAJ	孔口标高	N(8,2)	单位:m
TKACCA	孔深	N(8,2)	单位:m
TKACCR	孔径	N(5)	单位:mm
TKAC	钻孔结构	C(100)	
TKACCAB	见基岩深	N(8,2)	
JYDC	基岩地层	C(20)	
JYYX	基岩岩性	C(512)	
TKALE	开工日期	C(8)	
TKALF	竣工日期	C(8)	

续表

字段代码	字段名称	类型及长度	说明
TKALD	施工单位	C(40)	
PKIIN	归属单位	C(40)	
PKIAA	原统一编号	C(18)	
PKIIM	资料来源	C(40)	
PKIIMA	资料编号	C(20)	

表 D.1－6　基岩钻孔分层(表名:D102_DC_JY)

字段代码	字段名称	类型及长度	说明
ENTITYID	钻孔 ID 编号	N(10)	
TOP_DEP	层顶深度	N(8,2)	单位：m
BTM_DEP	层底深度	N(8,2)	单位：m
QUASI_THIK	地层厚度	N(8,2)	单位：m
JYYX	基岩岩性	C(60)	
YXMS	岩性描述	C(3600)	
DSAC	时代系	C(20)	
DSAD	时代统	C(20)	
YSDC	岩石地层	C(20)	
DCDH	地层代号	C(20)	
COLOR	颜色	C(20)	
STRUCT	结构	C(30)	
TECTONIC	构造	C(20)	
ALTERNATION	蚀变	C(20)	
YXDM	地层级别码	C(20)	
COLOR_CODE	颜色代码	C(20)	
STRUCT_CODE	结构代码	C(20)	
TECTONIC_CODE	构造代码	C(20)	
ALTERNATION_CODE	蚀变代码	C(20)	

表 D.1－7　第四纪钻孔分层(表名:D102_DC_DSJ)

字段代码	字段名称	类型及长度	说明
ENTITYID	钻孔 ID 编号	N(10)	
TKALA	钻孔编码	C(20)	
BTMDEP	底板埋深	N(8,2)	单位:m
DSAC	时代系—SDX	C(20)	
DSAD	时代统—SDT	C(20)	
DSADA	地层代号	C(20)	
DSBB	组—FORMATION	C(40)	

续表

字段代码	字段名称	类型及长度	说明
DSBBA	组代号	C(40)	
YSPD	沉积相—CJX	C(10)	
YXBH	岩性编号	C(16)	
YXTZ	岩性特征描述	C(2048)	

表 D.1－8　岩石物性参数(表名:D103_YSWXCS)

字段代码	字段名称	类型及长度	说明
ENTITYID	钻孔 ID 编号	N(10)	
SAMPLECODE	样品编号	C(16)	
CDMSA	样品起始埋深	N(8,3)	单位:m
CDMSB	样品终止埋深	N(8,3)	单位:m
YSEB	岩石名称	C(30)	
CHL	磁化率	N(10,3)	
GC	感磁	N(10,3)	
SC	剩磁	N(10,3)	
POLARITY	极化率	N(10,3)	
VELOCITY	速度	N(10,3)	
MAGNETOBL	磁倾角	N(10,3)	
DENSITY	密度	N(10,3)	
PROPORTION	比重	N(10,3)	
RESISTANCE	电阻率	N(10,3)	
SITE	采样地点	C(30)	
DEPT	采样单位	C(30)	
SAMPLINGDATE	采样日期	C(8)	
SURDEPT	测量单位	C(30)	
SURWAY	测量方法	C(30)	
INSTRUTYPE	仪器型号	C(30)	
PKIIZ	备注	C(100)	

表 D.1－9　岩石矿物鉴定(表名:D103_YSKWJD)

字段代码	字段名称	类型及长度	说明
ENTITYID	钻孔 ID 编号	N(10)	
FIELDCODE	野外编号	C(20)	
BTMDEPTH	深度	N(8,3)	单位:m
YWDM	野外定名	C(20)	
BBGC	标本观察	C(64)	
JXGC	镜下观察	C(512)	

续表

字段代码	字段名称	类型及长度	说明
JDMC	鉴定名称	C(20)	
SYDW	送样单位	C(30)	
SITE	产地	C(30)	
APPRAISER	鉴定者	C(20)	
CORRECTOR	校核者	C(20)	
SAMPLINGDATE	日期	C(8)	
PKIIZ	备注	C(100)	

表 D.1－10　岩石化学分析(表名:D103_YSHXFX)

字段代码	字段名称	类型及长度	说明
ENTITYID	钻孔 ID 编号	N(10)	
FIELDCODE	样品编号	C(16)	
LABCODE	实验室编号	C(16)	
TOPDEPTH	起始深度	N(8,3)	单位:m
BTMDEPTH	终止深度	N(8,3)	单位:m
THICKNESS	厚度	N(8,3)	单位:m
LENGTH	矿芯长度	N(8,3)	单位:m
SAMPLERATIO	矿芯采样率	N(8,3)	
STARTBLOCK	起始矿芯编号	C(16)	
ENDBLOCK	终止矿芯编号	C(16)	
BLOCKNUM	矿芯块数	N(5)	
DIAMETER	矿芯直径	N(8,3)	单位:mm
WEIGHT	原始重量	N(8,3)	单位:kg
CU	铜元素含量	N(12,6)	
AG	银元素含量	N(12,6)	
Mo	钼元素含量	N(12,6)	
CO	钴元素含量	N(12,6)	
ZN	锌元素含量	N(12,6)	
SAMPLER	取样人	C(16)	
SAMPLINGDATE	采样日期	C(8)	
PKIIZ	备注	C(100)	

表 D.1－11　粘土矿物分析(表名:D103_NTKWFX)

字段代码	字段名称	类型及长度	说明
ENTITYID	钻孔 ID 编号	N(10)	
CDMS	层底埋深	N(8,3)	单位:m

续表

字段代码	字段名称	类型及长度	说明
NTKW	粘土矿物	C(512)	
PKIIZ	备注	N(100)	

表 D.1－12　重砂鉴定(表名:D103_ZSJD)

字段代码	字段名称	类型及长度	说明
ENTITYID	钻孔 ID 编号	N(10)	
CDMS	层底埋深	N(8,3)	单位:m
ZKWZH	重矿物组合	C(512)	
PKIIZ	备注	C(100)	

表 D.1－13　粒度分析(表名:D103_LDFX)

字段代码	字段名称	类型及长度	说明
ENTITYID	钻孔 ID 编号	N(10)	
YPBH	样品编号	C(12)	
CDMS	层底埋深	N(8,3)	单位:m
CJXMC	沉积学名称	C(20)	
GT8FI	$>8\varphi$	N(10,6)	
BT8_4FI	$8\varphi \sim 4\varphi$	N(10,6)	
BT4_0FI	$4\varphi \sim 0\varphi$	N(10,6)	
GTNEG2FI	$>-2\varphi$	N(10,6)	
MZ	平均粒度	N(10,6)	
MD	中值粒度	N(10,6)	
SD	分选系数	N(10,6)	
SK	偏度系数	N(10,6)	
KG	峰度系数	N(10,6)	
PKIIZ	备注	C(100)	

表 D.1－14　同位素分析(表名:D103_TWSFX)

字段代码	字段名称	类型及长度	说明
PKHFB	样品编号	C(20)	
PKHJA	室内编号	C(10)	
YSEB	岩石名称	C(20)	
TWSZL	同位素种类	C(20)	
PKHIC	测试方法	C(10)	
PKHIG	测试结果	C(10)	
PKIIZ	备注	C(100)	

表 D.1 - 15　地质测年(表名:D103_DZCN)

字段代码	字段名称	类型及长度	说明
ENTITYID	钻孔 ID 编号	N(10)	
CDMSA	样品起始埋深	N(8,3)	单位:m
CDMSB	样品终止埋深	N(8,3)	单位:m
CNFF	测年方法	C(64)	
NL	年龄	C(32)	
PKIIZ	备注	C(100)	

表 D.1 - 16　化石鉴定(表名:D103_HSJD)

字段代码	字段名称	类型及长度	说明
ENTITYID	钻孔 ID 编号	N(10)	
YPBH	样品编号	C(12)	
CDMSA	样品起始埋深	N(8,3)	单位:m
CDMSB	样品终止埋深	N(8,3)	单位:m
HSMC	化石名称	C(100)	
DIFFABUND	化石丰度	N(5)	
DDCDKB	化石分异度	N(5)	
HSMS	化石描述	C(512)	
PKIIZ	备注	C(100)	

表 D.1 - 17　古地磁分析(表名:D103_GDCFX)

字段代码	字段名称	类型及长度	说明
ENTITYID	钻孔 ID 编号	N(10)	
CDMS	层底埋深	N(8,3)	单位:m
DWDAAD	磁偏角	N(8,3)	
DWDAAE	磁倾角	N(8,3)	
JXSJ	极性事件	C(16)	
JXZ	极性柱	N(1)	
TRSC	天然剩磁	N(8,3)	
DWHACG	磁化率	N(8,3)	
NL	年龄	C(32)	
PKIIZ	备注	C(100)	

表 D.1 - 18　环境磁学测量(表名:D103_HJCXCL)

字段代码	字段名称	类型及长度	说明
ENTITYID	钻孔 ID 编号	N(10)	
MS	埋深	N(8,3)	单位:m
LM	低频	N(8,2)	

续表

字段代码	字段名称	类型及长度	说明
HM	高频	N(8,2)	
ZLCHL	质量磁化率	N(6,2)	
PLCHL	频率磁化率	N(8,5)	
PKIIZ	备注	C(100)	

D.2 水文地质调查数据表

表 D.2－1 调查区基本情况(表名:D201_DCQ)

该表与表 D101_DCQ 相同。

表 D.2－2 调查路线基本情况(表名:D201_DCLX)

该表与表 D101_DCLX 相同。

表 D.2－3 调查点基本情况(表名:D201_DCD)

该表与表 D101_DCD 相同。

表 D.2－4 调查点内容描述(表名:D201_DCDMS)

该表与表 D101_DCDMS 相同。

表 D.2－5 钻孔基本情况(表名:D202_ENTITYINDEX)

该表与表 D102_ENTITYINDEX 相同。

表 D.2－6 钻孔分层(表名:D202_DC)

字段代码	字段名称	类型及长度	说明
ENTITYID	钻孔 ID	N(10)	
TKALA	钻孔编码	C(20)	
BTMDEP	底板埋深	N(8,2)	单位:m
DSAC	时代系—SDX	C(20)	
DSAD	时代统—SDT	C(20)	
DCDH	地层代号	C(20)	
YXTZ	岩性特征描述	C(2048)	
YCTZ	岩层特征	C(6)	
YSPD	沉积相—CJX	C(20)	
MAP_FL_UNIT	填图单位	C(6)	
SW_LAY	水文地质分层	C(10)	
PKIIZ	备注	C(100)	

表 D.2－7 抽水试验(表名:D203_CSSY)

字段代码	字段名称	类型及长度	说明
ENTITYID	钻孔 ID	N(10)	

续表

字段代码	字段名称	类型及长度	说明
SWDAE	抽水试验编号	C(20)	
SWDAD	抽水试验类型	C(20)	
SWDDAA	试验开始时间	T	
SWMA	抽水试验设备	C(20)	
SWDEDA	第 1 出水段起始位置	N(7,2)	
SWDEDB	第 1 出水段终止位置	N(7,2)	
SWDEDC	第 1 出水段含水层厚度	N(7,2)	
SWDEDD	第 2 出水段起始位置	N(7,2)	
SWDEDE	第 2 出水段终止位置	N(7,2)	
SWDEDF	第 2 出水段含水层厚度	N(7,2)	
SWDEDG	第 3 出水段起始位置	N(7,2)	
SWDEDH	第 3 出水段终止位置	N(7,2)	
SWDEDI	第 3 出水段含水层厚度	N(7,2)	
SWDEDJ	第 1 落程延续时间	N(6,0)	单位:min
SWDEDK	第 1 落程稳定时间	N(6,0)	单位:min
SWDEDL	第 1 落程水位降	N(7,2)	
SWDEDM	第 1 落程涌水量	N(7,2)	
SWDEDN	第 2 落程延续时间	N(6,0)	单位:min
SWDEDO	第 2 落程稳定时间	N(6,0)	单位:min
SWDEDP	第 2 落程水位降	N(7,2)	
SWDEDQ	第 2 落程涌水量	N(7,2)	
SWDEDR	第 3 落程延续时间	N(6,0)	单位:min
SWDEDS	第 3 落程稳定时间	N(6,0)	单位:min
SWDEDT	第 3 落程水位降	N(7,2)	
SWDEDU	第 3 落程涌水量	N(7,2)	
SWDDAE	水位恢复时间	N(6,0)	
SWDEDV	抽水前静止水位	N(7,2)	
SWDEDW	抽水后静止水位	N(7,2)	
SWCGAH	滤水管半径	N(6,0)	
SWDDAI	试验总延续时间	N(6,0)	
SWDDBY	最大单位涌水量	N(7,2)	
SWGGAUA	第一落程影响半径	N(8,1)	
SWGGAAA	第一落程渗透系数	N(8,3)	
SWGGAOA	第一落程导水系数	N(8,3)	
SWGGALA	第一落程储水系数	N(8,3)	
SWAEFGA	第一落程给水度	N(8,3)	

续表

字段代码	字段名称	类型及长度	说明
SWGGBEA	第一落程越流系数	N(8,3)	
SWGGAUB	第二落程影响半径	N(8,1)	
SWGGAAB	第二落程渗透系数	N(8,3)	
SWGGAOB	第二落程导水系数	N(8,3)	
SWGGALB	第二落程储水系数	N(8,3)	
SWAEFGB	第二落程给水度	N(8,3)	
SWGGBEB	第二落程越流系数	N(8,3)	
SWGGAUC	第三落程影响半径	N(8,1)	
SWGGAAC	第三落程渗透系数	N(8,3)	
SWGGAOC	第三落程导水系数	N(8,3)	
SWGGALC	第三落程储水系数	N(8,3)	
SWAEFGC	第三落程给水度	N(8,3)	
SWGGBEC	第三落程越流系数	N(8,3)	
SWIECY	其他说明	C(200)	
GCEAJC	试验单位	C(60)	
GCEAJB	试验者	C(30)	
SWDDAB	完成日期	T	
JJMEK	项目名称	C(60)	

表 D.2－8　试坑渗水试验(表名:D203_SKSSSY)

字段代码	字段名称	类型及长度	说明
TESTID	试验编号	C(20)	
TKCAF	东坐标	N(11,3)	
TKCAG	北坐标	N(11,3)	
CHAJ	高程	N(8,2)	
GCEBAI	试坑直径	N(5,2)	
GCEBAJ	试坑深度	N(5,2)	
SWDAAU	试坑底面积	N(5,2)	
SWDACB	岩性	C(20)	
GCGDJ	渗透深度	N(5,2)	
SWGCBR	水层厚度	N(5,2)	
SWDAAV	毛细高度	N(5,2)	
SWDAAW	稳定流量	N(5,2)	
SWGGAA	渗透系数	N(8,3)	
SWDDAI	累计延续时间	N(6,0)	
SWBFO	含水层描述	C(200)	

续表

字段代码	字段名称	类型及长度	说明
SWLBAB	试坑平面位置示意图	G	
SWDDAH	时间	C(20)	
SWDDAI	延续时间	N(7,1)	
SWDEAS	供水桶水面高度	N(5,1)	
SWDEAT	读数差	N(5,1)	
SWGCAK	渗水体积	N(7,2)	
SWGCAA	渗透流量	N(7,2)	
SWGCAB	渗水速度	N(7,2)	
TKALD	施工单位	C(60)	
GCEAJB	试验者	C(30)	
GCEAJE	试验时间	T	
JJMEK	项目名称	C(60)	

表 D.2-9　水质分析(表名:D204_SZFX)

字段代码	字段名称	类型及长度	说明
GCEABB	样品编号	C(20)	
GCEABD	室内编号	C(20)	
TKCAF	东坐标	N(11,3)	
TKCAG	北坐标	N(11,3)	
CHAJ	高程	N(8,2)	
SWADET	水温	N(4,1)	
SWFAL	肉眼可见物	C(60)	
PKJFQ	透明度	C(10)	
SWFAD	色度	C(10)	
SWFAF	气味	C(10)	
SWFHDA	总硬度	N(7,2)	
SWFHDC	永久硬度	N(7,2)	
SWFHDB	暂时硬度	N(7,2)	
SWFHDD	负硬度	N(7,2)	
SWFHCA	总酸度	N(7,2)	
SWFHB	总碱度	N(7,2)	
SWFHEE	溶解性总固体	N(7,2)	
SWFHG	游离 CO_2	N(7,3)	
SWFHA	pH 值	N(5,2)	
SWFHFA	钙离子	N(7,2)	
SWFHFB	镁离子	N(7,2)	

续表

字段代码	字段名称	类型及长度	说明
SWFHFC	钾离子	N(7,2)	
SWFHFD	钠离子	N(7,2)	
SWFHFF	氯离子	N(7,2)	
SWFHFG	SO_4^{2-}	N(7,2)	
SWFHFH	HCO_3^-	N(7,2)	
SWFHFI	CO_3^{2-}	N(7,2)	
SWFHQD	OH^-	N(7,3)	
SWFHFJ	NO_3^-	N(7,2)	
SWFHFK	NO_2^-	N(7,4)	
SWFHFL	NH_4^+	N(7,2)	
SWFHFM	Fe^{3+}	N(7,2)	
SWFHFN	Fe^{2+}	N(7,2)	
SWFHON	F^-	N(7,4)	
SWFHFP	PO_4^-	N(7,3)	
SWFHL	耗氧量	N(7,2)	
SWFHPN	偏硅酸	N(7,4)	
SWFHOD	Cu	N(7,4)	
SWFHOE	Mn	N(7,4)	
SWFHOF	Zn	N(7,4)	
SWFHOG	Hg	N(7,4)	
SWFHOH	Cr^{6+}	N(7,4)	
SWFHOI	As	N(7,4)	
SWFHOJ	Pb	N(7,4)	
SWFHOK	Cd	N(7,4)	
SWFHOR	Ni	N(7,4)	
SWFHOY	CO	N(7,4)	
SWFHOU	总 Cr	N(7,4)	
SWFHQA	V	N(7,4)	
SWFHQB	W	N(7,4)	
SWFHOT	Sr	N(7,4)	
SWFHOW	Ba	N(7,4)	
SWFHOO	Se	N(7,5)	
SWFHOP	Mo	N(7,5)	
SWFHOV	Rb	N(7,5)	
SWFHOK	Cs	N(8,4)	
SWFHOQ	Li	N(7,4)	

字段代码	字段名称	类型及长度	说明
SWFHOC	Al	N(8,4)	
SWFHOZ	B	N(8,4)	
SWFHOA	Br^-	N(8,4)	
SWFHOB	I^-	N(8,4)	
SWFHPH	有机氮	N(7,4)	
MDCEBB	有机磷	N(7,4)	
SWFHLE	生化需氧量	N(7,2)	
SWFHPO	挥发酚	N(7,4)	
SWFHPY	苯类	N(7,4)	
SWFHPZ	烃类	N(7,4)	
SWFHPB	氰化物	N(7,5)	
SWFHM	细菌总数	N(6)	
SWFHN	大肠菌群指数	N(7,2)	
SWFHQQ	U	N(7,5)	
SWFHQR	Ra	N(7,5)	
SWFHQS	Th	N(7,5)	
SWFHFR	Fe	N(7,5)	
SWFOJP	高锰酸盐指数	C(20)	
SWFHPG	总有机碳 TOC	C(20)	
SWFHPO	挥发性酚类	C(20)	
SWFOAA	苯	C(20)	
SWFOAB	乙苯	C(20)	
SWFOAC	甲苯	C(20)	
SWFOAD	二甲苯	C(20)	
SWFOAE	二氯甲烷	C(20)	
SWFOAF	三氯乙烯	C(20)	
SWFOAG	[1,2-二氯乙烷]	C(20)	
SWFOAH	三氯甲烷	C(20)	
SWFOAI	四氯乙烯	C(20)	
SWFOAJ	[1,1,1-三氯乙烷]	C(20)	
SWFHPS	四氯化碳	C(20)	
SWFOAK	[1,2-二氯丙烷]	C(20)	
SWFOAL	[1,1,2-三氯乙烷]	C(20)	
SWFHPT	[苯并(a)芘]	C(20)	
SWFOAN	[α-BHC]	C(20)	
SWFOAO	[β-BHC]	C(20)	

续表

字段代码	字段名称	类型及长度	说明
SWFOAP	[γ-BHC]	C(20)	
SWFOAQ	[δ-BHC]	C(20)	
SWFOAR	[p,p′-DDE]	C(20)	
SWFOAS	[p,p′-DDD]	C(20)	
SWFOAT	[o,p′-DDT]	C(20)	
SWFOAU	[p,p′-DDT]	C(20)	
SWFOAV	六氯苯	C(20)	
SWFOAW	七氯	C(20)	
SWFOAX	艾氏剂	C(20)	
SWFOAY	七氯环氧	C(20)	
SWFOAZ	异狄氏剂	C(20)	
SWFOBA	狄氏剂	C(20)	
SWFOBB	总挥发性有机碳	C(20)	
SWFOBC	溴二氯甲烷	C(20)	
SWFOBD	二溴氯丙烷	C(20)	
SWFOBE	六氯丁二烯	C(20)	
SWFOBF	一氯二溴甲烷	C(20)	
SWFOBG	氯乙烯	C(20)	
SWFOBH	[1,1-二氯乙烯]	C(20)	
SWFOBI	溴仿	C(20)	
SWFOBJ	二溴化乙烯	C(20)	
SWFOBK	[1,2-二氯乙烯]	C(20)	
SWFOBL	苯乙烯	C(20)	
SWFOBM	邻二氯苯	C(20)	
SWFOBN	氯苯	C(20)	
SWFOBO	三氯苯	C(20)	
SWFOBP	萘	C(20)	
SWFOBQ	蒽	C(20)	
SWFOBR	[苯并(b)荧蒽]	C(20)	
SWFOBS	苊	C(20)	
SWFOBT	荧蒽	C(20)	
SWFOBU	[苯并(K)荧蒽]	C(20)	
SWFPBV	二氢苊	C(20)	
SWFOBW	芘	C(20)	
SWFOBX	[茚并(1,2,3)芘]	C(20)	
SWFOBY	芴	C(20)	

续表

字段代码	字段名称	类型及长度	说明
SWFOBZ	[苯并(a)蒽]	C(20)	
SWFOCA	[二苯并(a,h)蒽]	C(20)	
SWFOCB	菲	C(20)	
SWFOCC	屈	C(20)	
SWFOCD	[苯并(g,h,i)茈]	C(20)	
SWFOCE	邻苯二甲酸二酯	C(20)	
SWFOCF	丙烯酰胺	C(20)	
SWFOCG	氯丹	C(20)	
SWFOCH	马拉硫磷	C(20)	
SWFOCI	五氯酚	C(20)	
SWFOCJ	毒杀芬	C(20)	
SWFOCK	乐果	C(20)	
SWFOCL	甲草胺	C(20)	
SWFOCM	敌敌畏	C(20)	
SWFOCN	敌百虫	C(20)	
SWFOCO	阿特拉津	C(20)	
SWFOCP	甲基对硫磷	C(20)	
SWFOCQ	乙酰甲胺磷	C(20)	
SWFOCR	甲基叔丁基醚	C(20)	
SWFOCS	三氯乙酸	C(20)	
SWFOCT	多氯联苯 PCBs	C(20)	
SWFOCU	二氯乙酸	C(20)	
SWFOCV	三氯乙醛	C(20)	
SWFOCW	间二氯苯	C(20)	
SWFOCX	对二氯苯	C(20)	
SWFHPV	总六六六	C(20)	
SWFHPU	总滴滴涕	C(20)	

表 D.2－10　土样分析(表名:D204_TYFX)

字段代码	字段名称	类型及长度	说明
GCEABB	样品编号	C(20)	
GCEABD	室内编号	C(20)	
TKCAF	东坐标	N(11,3)	
TKCAG	北坐标	N(11,3)	
CHAJ	高程	N(8,2)	
GCEABJ	取样时间	T	

续表

字段代码	字段名称	类型及长度	说明
HXGB	分析时间	T	
PKHIG	测试单位	C(50)	
TRHSL	土壤含水量	N(8,2)	
TRPH	土壤酸碱度	C(20)	
KRY	可溶盐	C(20)	
YHHYDW	氧化还原电位	C(20)	
YLZJHRL	阳离子交换容量	C(20)	
TRKLJP	土壤颗粒级配	C(20)	
TRYJZ	土壤有机质含量	C(20)	
TRKWZC	土壤粘土矿物组成	C(20)	
ZCD	镉	C(20)	
ZHG	汞	C(20)	
ZAS	砷	C(20)	
ZCU	铜	C(20)	
ZPB	铅	C(20)	
ZCR	总铬	C(20)	
ZZN	锌	C(20)	
ZNI	镍	C(20)	
ZTP	总磷	C(20)	
ZTN	总氮	C(20)	
FHW	氟化物	C(20)	
QHW	氰化物	C(20)	
ZDDT	DDT	C(20)	
ZLLL	六六六	C(20)	
ZY	总油	C(20)	
TRFOAA	苯	C(20)	
TRFOAB	甲苯	C(20)	
TRFOAC	乙苯	C(20)	
TRFOAD	二甲苯	C(20)	
TRFOAE	萘	C(20)	
TRFOAF	苊	C(20)	
TRFOAG	二氢苊	C(20)	
TRFOAH	苯并(a)芘	C(20)	
TRFOAI	芴	C(20)	
TRFOAJ	菲	C(20)	
TRFOAK	苯并(b)荧蒽	C(20)	

续表

字段代码	字段名称	类型及长度	说明
TRFOAL	茚并(1,2,3)芘	C(20)	
TRFOAM	蒽	C(20)	
TRFOAN	荧蒽	C(20)	
TRFOAO	苯并(K)荧蒽	C(20)	
TRFOAP	二苯并(a,h)蒽	C(20)	
TRFOAQ	芘	C(20)	
TRFOAR	屈	C(20)	
TRFOAS	苯并(a)蒽	C(20)	
TRFOAT	苯并(g,h,i)芘	C(20)	
TRFOAU	三氯甲烷	C(20)	
TRFOAV	四氯化碳	C(20)	
TRFOAW	三氯乙烯	C(20)	
TRFOAX	四氯乙烯	C(20)	
TRFOAY	1,1,1-三氯乙烷	C(20)	
TRFOAZ	六氯苯	C(20)	
TRFOBA	七氯	C(20)	
TRFOBB	七氯环氧	C(20)	
TRFOBC	艾氏剂	C(20)	
TRFOBD	狄氏剂	C(20)	
TRFOBE	异狄氏剂	C(20)	
TRFOBF	氯丹	C(20)	
TRFOBG	毒杀芬	C(20)	
TRFOBH	甲基对硫磷	C(20)	
TRFOBI	马拉硫磷	C(20)	
TRFOBJ	乐果	C(20)	
TRFOBK	敌百虫	C(20)	
TRFOBL	乙酰甲胺磷	C(20)	
TRFOBM	五氯酚	C(20)	
TRFOBN	甲草胺	C(20)	
TRFOBO	阿特拉津	C(20)	
TRFOBP	甲胺磷	C(20)	

表 D.2-11　同位素测试(表名:D204_TWSCS)

字段代码	字段名称	类型及长度	说明
GCEABB	样品编号	C(20)	
GCEABD	室内编号	C(20)	

续表

字段代码	字段名称	类型及长度	说明
SWFHQE	氘(D)	C20	单位:‰
SWFHQF	氧(^{18}O)	C20	单位:‰
SWFHQG	氚(T)	C20	单位:TU
SWFHQH	氯 36	C20	单位:Tom/L
SWFHQI	^{14}C	C20	单位:PMC%
SWFHQJ	^{14}C 年龄	C20	单位:年
SWFHQK	^{13}C	C20	单位:年

D.3 工程地质调查数据表

表 D.3－1 调查区基本情况(表名:D301_DCQ)

该表与表 D101_DCQ 相同。

表 D.3－2 调查路线基本情况(表名:D301_DCLX)

该表与表 D101_DCLX 相同。

表 D.3－3 调查点基本情况(表名:D301_DCD)

该表与表 D101_DCD 相同。

表 D.3－4 调查点内容描述(表名:D301_DCDMS)

该表与表 D101_DCDMS 相同。

表 D.3－5 项目基本信息(表名:D302_BASEINDEX)

字段代码	字段名称	类型及长度	说明
Project_count	项目索引号	N(8)	主键,作为下列各表外键使用
Project_Code	项目编号	C(20)	
Project_Name	项目名称	C(120)	
Project_address	项目地址	C(120)	
District	项目行政区名	C(20)	涵盖的行政区(乡镇、街道)名称
SourceofData	资料来源	C(40)	
HoleDeputy	项目代表孔	C(8)	
TKCAF	代表孔北坐标	N(11,3)	单位:m
TKCAG	代表孔东坐标	N(11,3)	单位:m
ZBPreci	坐标查找精度	C(12)	单位:m
GKCode	项目依据标准	C(40)	
PKIIMA	资料档案编号	C(12)	
SurveyDate	勘察日期	C(20)	
age_no	项目分期号	N(4)	
PKIIZ	备注	C(100)	

表 D.3-6　场地地层分层(表名:D302_PMLAYER)

字段代码	字段名称	类型及长度	说明
project_count	项目索引号	N(8)	
age_No	项目分期号	N(4)	
LayerOrder	场地分层索引号	N(5)	
LayerNo	土层编号	C(8)	
LayerName	土层名称	C(50)	
cause	成因	C(20)	沉积类型
geologic_age	地质时代	C(12)	

表 D.3-7　钻孔基本信息(表名:D302_PHOLEATT)

字段代码	字段名称	类型及长度	说明
project_count	项目索引号	N(8)	
age_No	项目分期号	N(4)	
KNUMBER	钻孔索引号	N(9)	主键,作为下列各钻孔数据表的外键使用
HoleNo	钻孔编号	C(12)	
Height	孔口标高	N(8,3)	单位:m
Depth	钻孔深度	N(8,3)	单位:m
TKCAG	北坐标	N(11,3)	
TKCAF	东坐标	N(11,3)	
ZKLX	钻孔类型	N(2)	填写代码:1—取土孔,2—静探孔,3—标贯孔,4—十字板,5—抽水孔,6—降水孔,7—注水孔,8—旁压孔,9—鉴别孔,10—小孔,11—明浜孔,12—其他孔
WaterLevel	地下水位埋深	N(8,3)	单位:m
sdate	开孔日期	T	
edate	终孔日期	T	

表 D.3-8　钻孔分层(表名:D302_ZP93)

字段代码	字段名称	类型及长度	说明
project_count	项目索引号	N(8)	
KNUMBER	钻孔索引号	N(9)	
nOrder	场地分层索引号	N(5)	与表 D302_PMLAYER 中字段 LayerOrder 对应
Dep	层底深度	N(8,3)	单位:m,0 表示缺失此层

表 D.3-9　钻孔地层描述(表名:D302_DESCRIBE)

字段代码	字段名称	类型及长度	说明
project_count	项目索引号	N(8)	

续表

字段代码	字段名称	类型及长度	说明
age_No	项目分期号	N(4)	
KNUMBER	钻孔索引号	N(9)	值为−1代表场地分层描述
LayerOrder	场地分层索引号	N(5)	
LayerNO	土层编号	C(10)	
color	颜色	C(10)	
humidity	湿度	C(10)	
state	土质状态	C(10)	
density	密实度	C(10)	
compres	压缩性	C(10)	
sdescribe	岩性描述	C(3200)	

表 D.3 - 10　标准贯入试验(表名:D303_PMBG)

字段代码	字段名称	类型及长度	说明
project_count	项目索引号	N(8)	
age_No	项目分期号	N(4)	
KNUMBER	钻孔索引号	N(9)	
Bgpoint	标贯点编号	C(10)	
startpos	试验起始深度	N(8,3)	单位：m
ENDPOS	试验终止深度	N(8,3)	单位：m
n635	标贯击数	N(5,1)	

表 D.3 - 11　静力触探试验(表名:D303_TPFS)

字段代码	字段名称	类型及长度	说明
project_count	项目索引号	N(8)	
KNUMBER	钻孔索引号	N(9)	
DEP	试验采样间隔	N(5)	单位：cm
TPFS_COUNT	试验数据个数	N(5)	
state	试验类型	N(5)	1—单桥;2—双桥
QC_FS	试验数据	G	由专业软件解析

表 D.3 - 12　轻型动力触探试验(表名:D303_DPT)

字段代码	字段名称	类型及长度	说明
project_count	项目索引号	N(8)	
KNUMBER	钻孔索引号	N(9)	
DPTpoint	触探点编号	C(10)	
startpos	试验起始深度	N(8,3)	单位：m
endpos	试验终止深度	N(8,3)	单位：m

字段代码	字段名称	类型及长度	说明
n10	试验锤击数	N(5,1)	
data	数据	G	由专业软件解析
test_sort	试验类型	N(6)	

表 D.3－13　十字板剪切试验(表名:D303_SUDB)

字段代码	字段名称	类型及长度	说明
project_count	项目索引号	N(8)	
KNUMBER	钻孔索引号	N(9)	
startdep	试验深度	N(8,3)	单位：m
su	原状土不排水抗剪强度	N(8,3)	单位：kPa
su1	重塑土不排水抗剪强度	N(8,3)	单位：kPa

表 D.3－14　载荷试验(表名:D303_SLT)

字段代码	字段名称	类型及长度	说明
project_count	项目索引号	N(8)	
KNUMBER	试验点索引号	N(9)	
startdep	试验深度	N(8,3)	单位：m
PlateType	承压板形状	C(40)	承压板形状、大小
E0	变形模量	N(8,3)	单位:kPa
cu	不排水抗剪强度	N(8,3)	单位：kPa
Ks	基床反力系数	N(8,3)	单位:kN/m^3
Cv	固结系数	N(8,3)	单位:cm^2/min
Eu	不排水模量	N(8,3)	单位：MPa
b_data	原始试验数据	G	由专业软件解析

表 D.3－15　旁压试验(表名:D303_PMT)

字段代码	字段名称	类型及长度	说明
project_count	项目索引号	N(8)	
KNUMBER	钻孔索引号	N(9)	
PMTpoint	试验点编号	C(10)	
startdep	试验深度	N(8,3)	单位：m
p0	初始压力	N(8,3)	单位：kPa
Py	临塑压力	N(8,3)	单位：kPa
PL	极限压力	N(8,3)	单位：kPa
Em	旁压模量	N(8,3)	单位：kPa
Gm	剪切模量	N(8,3)	单位：kPa
Km	侧向基床反力系数	N(8,3)	单位：kPa
b_data	原始试验数据	G	由专业软件解析

表 D.3－16　扁铲侧胀试验(表名:D303_DMT)

字段代码	字段名称	类型及长度	说明
project_count	项目索引号	N(8)	
KNUMBER	钻孔索引号	N(9)	
DMPpoint	试验点编号	C(10)	
startdep	试验深度	N(8,3)	单位：m
waterlevel	地下水位	N(8,3)	单位：m
data_count	数据个数	N(6)	
da	0.05 mm 率定值	N(8,3)	单位：kPa
db	1.10 mm 率定值	N(8,3)	单位：kPa
zm	未加压仪表初始读数	N(8,3)	单位：kPa
equipno	设备编号	C(10)	
b_data	原始试验数据	G	由专业软件解析

表 D.3－17　波速测试(表名:D303_Wave)

字段代码	字段名称	类型及长度	说明
project_count	项目索引号	N(8)	
KNUMBER	钻孔索引号	N(9)	
test_way	测试方法	N(4)	
tno	测试编号	C(12)	
cdate	测试日期	T	
d0	计算土层等效剪切波速时的计算深度	N(8,3)	单位：m
dspace	孔板间距	N(8,3)	单位：m
DEFERNCE	震孔高差	N(8,3)	单位：m
T	卓越修正周期	N(8,3)	单位：s
M	计算等效剪切波速时的计算深度	N(8,3)	单位：m
TOTALSIZE	data1 的字节数	N(8)	
data1	原始试验数据	G	

表 D.3－18　场地微振动试验(表名:D303_SITE_MICRO_SEISMS)

字段代码	字段名称	类型及长度	说明
project_count	项目索引号	N(8)	
KNUMBER	钻孔索引号	N(9)	
tno	测试编号	C(12)	
cdate	测试日期	T	
SMS_Dir	拾振方向	C(10)	

续表

字段代码	字段名称	类型及长度	说明
SMS_NO	拾振器编号	C(12)	
AMP_CHAN	放大器道号	C(12)	
AMP_STATE	放大器工作状态	C(10)	
AMPT	放大倍数	C(10)	
REC_CHAN	记录仪道号	C(12)	
REC_REDU	记录仪衰减	C(12)	
Circums	周围环境	C(40)	气象与环境状态
Data1	频谱曲线图	G	

表 D.3－19　土壤热响应试验(表名:D303_SOIL_THERMAL_RESP)

字段代码	字段名称	类型及长度	说明
project_count	项目索引号	N(8)	
KNUMBER	钻孔索引号	N(9)	
SAMPLETYPE	试验类型	C(200)	
SAMPLEWAY	试验方法	C(200)	
TYPE	测试类型	C(10)	
RCDTIME	测试时间	T	
INTEMP	进水温度	N(8,3)	单位：℃
OUTTEMP	出水温度	N(8,3)	单位：℃
FLOWRATE	流量	N(8,3)	单位：m^3/h
DIFFPRESSURE	压力	N(8,3)	单位：kPa
ENVIROTEMP	环境温度	N(8,3)	单位：℃

表 D.3－20　钻孔降水头简易注水试验(表名:D303_AFFUSION)

字段代码	字段名称	类型及长度	说明
project_count	项目索引号	N(8)	
KNUMBER	钻孔索引号	N(9)	
LayerOrder	场地分层索引号	N(5)	注水层次
sdep	试验段起始深度	N(8,3)	单位：m
edep	试验段结束深度	N(8,3)	单位：m
TestL	试验段长度	N(8,3)	单位：m
caput	静止水头	N(8,3)	单位：m
water	静止水位	N(8,3)	单位：m
bush	套管直径	N(8,3)	单位：cm
fate	试验日期	C(20)	
bTime	起始时间	C(20)	

字段代码	字段名称	类型及长度	说明
eTime	结束时间	C(20)	
dcount	记录表计数	N(8)	
data	记录表	G	由专业软件解析
tNO	孔试验号	N(5)	
tick_count	注水历时	N(6)	单位：s
water_head	试验水头	N(8,2)	单位：cm

表 D.3－21　钻孔简易抽水试验(表名:D303_WATER_PUMPING)

字段代码	字段名称	类型及长度	说明
project_count	项目索引号	N(8)	
KNUMBER	钻孔索引号	N(9)	
LayerOrder	场地分层索引号	N(5)	抽水层次
sdep	试验段起始深度	N(8,3)	单位：m
edep	试验段结束深度	N(8,3)	单位：m
TestL	试验段长度	N(8,3)	单位：m
water	静止水位	N(8,3)	单位：m
bush	套管直径	N(8,3)	单位：cm
fate	试验日期	C(20)	
bTime	起始时间	C(20)	
eTime	结束时间	C(20)	
dcount	记录表计数	N(8)	
data	记录表	G	由专业软件解析
tNO	孔试验号	N(5)	
tick_count	抽水历时	N(8)	单位：s

表 D.3－22　块体共振试验(表名:D303_BLOCK_RESONANT)

字段代码	字段名称	类型及长度	说明
project_count	项目索引号	N(8)	
KNUMBER	钻孔索引号	N(9)	
BRTpoint	试验点编号	C(10)	
DampFact	阻尼系数	N(8,3)	
DynamMod	剪切模量	N(8,3)	单位：kPa
b_data	原始试验数据	G	由专业软件解析

表 D.3－23　样品基本信息(表名:D304_MAIN)

字段代码	字段名称	类型及长度	说明
project_count	项目索引号	N(8)	

续表

字段代码	字段名称	类型及长度	说明
age_No	项目分期号	N(4)	
knumber	钻孔索引号	N(9)	
Ynumber	土样索引号	N(10)	主键，作为下列各土工试验数据表的外键使用
SoilNo	土样号	C(12)	
StarDep	土样起始深度	N(8,3)	单位：m
EndDep	土样终止深度	N(8,3)	单位：m
color	颜色	C(10)	
holeNo	钻孔编号	C(12)	

表 D.3－24　土样常规试验(表名:D304_RULES)

字段代码	字段名称	类型及长度	说明
project_count	项目索引号	N(8)	
Ynumber	土样索引号	N(10)	
W	含水量	N(5,2)	单位：%
P0	重度	N(5,2)	单位：kN/m^3
h	圆锥入土深度	N(5,2)	单位：mm
Wl	液限	N(5,2)	
Wp	塑限	N(5,2)	
C	粘聚力	N(5,1)	单位：kPa
Q	内摩擦角	N(5,1)	单位：°
a01_02	压缩系数	N(6,3)	单位：1/MPa
Es01_02	压缩模量	N(6,3)	单位：MPa
Kv	垂直渗透系数	N(32,3)	单位：cm/s
Kh	水平渗透系数	N(32,3)	单位:cm/s
CQ_flag	剪切试验峰值标志	N(3)	1：剪切试验取峰值

表 D.3－25　试验常规计算参数(表名:D304_RULECALE)

字段代码	字段名称	类型及长度	说明
project_count	项目索引号	N(8)	
Ynumber	土样索引号	N(10)	
G	颗粒比重	N(5,2)	
e0	初始孔隙比	N(5,3)	
Sr	饱和度	N(5,2)	
Ip	塑性指数	N(5,2)	
Il	液性指数	N(5,2)	
St	灵敏度	N(5,2)	

续表

字段代码	字段名称	类型及长度	说明
m_c	修正粘聚力	N(5,2)	
m_q	修正内摩擦角	N(5,2)	单位：°
soilname	土样名称	C(40)	

表 D.3-26　颗粒分析试验(表名:D304_GRAIN)

字段代码	字段名称	类型及长度	说明
project_count	项目索引号	N(8)	
Ynumber	土样索引号	N(10)	
k_20	>20 mm	N(5,2)	粒径大于 20mm 颗粒占比,下同
K20_2	20～2 mm	N(5,2)	
k2_05	2～0.5 mm	N(5,2)	
k05_025	0.5～0.25 mm	N(5,2)	
k025_0074	0.25～0.074 mm	N(5,2)	
k0074_005	0.074～0.05 mm	N(5,1)	
k005_001	0.05～0.01 mm	N(5,2)	
k001_0005	0.01～0.005 mm	N(5,2)	
k0005_0002	0.005～0.002 mm	N(5,2)	
k_0002	<0.002 mm	N(5,2)	
d60	占 60%的粒径	N(7,3)	过筛重量占 60%的粒径,单位：mm,下同
d50	占 50%的粒径	N(7,3)	单位：mm
d30	占 30%的粒径	N(7,3)	单位：mm
d10	占 10%的粒径	N(7,3)	单位：mm
d70	占 70%的粒径	N(7,3)	单位：mm
d85	占 85%的粒径	N(7,3)	单位：mm

表 D.3-27　常规固结试验(表名:D304_CONSOLIDS)

字段代码	字段名称	类型及长度	说明
project_count	项目索引号	N(8)	
Ynumber	土样索引号	N(10)	
series	加荷次数	N(3)	试验中荷载加载次数
M_consolid	颗粒比重	N(5,2)	
Density	土样密度	N(5,2)	单位：g/m^3
c_consolid	试验后孔隙比	N(5,3)	
nseries	初始加载压力值	N(5,1)	单位：kPa
consolid	原始试验数据	G	由专业软件解析
MaxValue	最大加载压力值	N(7,1)	单位：kPa

表 D.3－28　先期固结压力试验(表名:D304_CONDATION_PC)

字段代码	字段名称	类型及长度	说明
project_count	项目索引号	N(8)	
Ynumber	土样索引号	N(10)	
Pc	先期固结压力	N(7,3)	单位：kPa
Cc	压缩指数	N(7,3)	
Cs	回弹指数	N(7,3)	
Cv50	50 kPa 压力下固结系数	N(7,3)	单位：cm^2/s
Cv100	100 kPa 压力下固结系数	N(7,3)	单位：cm^2/s
Cv200	200 kPa 压力下固结系数	N(7,3)	单位：cm^2/s
Cv400	400 kPa 压力下固结系数	N(7,3)	单位：cm^2/s
Cv800	800 kPa 压力下固结系数	N(7,3)	单位：cm^2/s
Cv1200	1 200 kPa 压力下固结系数	N(7,3)	单位：cm^2/s

表 D.3－29　三轴试验(表名:D304_TRIAL)

字段代码	字段名称	类型及长度	说明
project_count	项目索引号	N(8)	
Ynumber	土样索引号	N(10)	
Cu	不排水剪 C	N(7,3)	单位：kPa
Ou	不排水剪 Q	N(7,3)	单位：°
Ccu	固结不排水剪 C	N(7,3)	单位：kPa
Qcu	固结不排水剪 Q	N(7,3)	单位：°
Ccd	固结排水剪 C	N(7,3)	单位：kPa
Qcd	固结排水剪 Q	N(7,3)	单位：°
Cl	有效 C	N(7,3)	单位：kPa
Ql	有效 Q	N(7,3)	单位：°
qu	原状土抗压强度	N(7,3)	单位：kPa
qlu	重塑土抗压强度	N(7,3)	单位：kPa
K0	侧压力系数	N(7,3)	
KV	基床系数	N(7,3)	单位：kN/m^3

表 D.3－30　击实试验(表名:D304_COMPACT_TEST)

字段代码	字段名称	类型及长度	说明
project_count	项目索引号	N(8)	
Ynumber	土样索引号	N(10)	
pdmax	最大干密度	N(6,3)	单位：g/m^3
wopt	最优含水量	N(6,3)	单位：%
lamdac	压实系数	N(6,3)	单位：%
pd	通过 5 mm 筛土样最大干密度	N(6,3)	单位：g/m^3

字段代码	字段名称	类型及长度	说明
wy	通过 5 mm 筛土样最优含水量	N(6,3)	单位：%
wa	粒径大于 5 mm 颗粒吸着含水量	N(6,3)	单位：%
ds2	粒径大于 5 mm 颗粒相对密度	N(6,3)	单位：g/m^3
p5	粒径大于 5 mm 颗粒占比	N(6,3)	单位：%
data1	原始试验数据	G	由专业软件解析

表 D.3－31　承载比试验(表名:D304_CBR)

字段代码	字段名称	类型及长度	说明
project_count	项目索引号	N(8)	
Ynumber	土样索引号	N(10)	
CBR25	2.5 mm 承载比	N(6,3)	贯入深度 2.5 mm 的承载比单位：%
CBR50	5.0 mm 承载比	N(6,3)	贯入深度 5.0 mm 的承载比单位：%
p25	2.5 mm 单位压力	N(6,3)	贯入深度 2.5 mm 的单位压力，单位：kPa
p50	5.0 mm 单位压力	N(6,3)	贯入深度 5.0 mm 的单位压力，单位：kPa
dd	吸水膨胀量	N(6,3)	浸水时的吸水膨胀量，单位：%
dh	试样高度变化	N(6,3)	浸水后试样的高度变化，单位：%
h0	初始高度	N(6,3)	试样初始高度，单位：mm
data1	原始试验数据	G	由专业软件解析

表 D.3－32　动三轴和共振柱试验(表名:D304_DYNAMIC_TRIAL)

字段代码	字段名称	类型及长度	说明
project_count	项目索引号	N(8)	
Ynumber	土样索引号	N(10)	
Ttype	试验名称	C(1)	1—动三轴;2—共振柱
Ed	动弹性模量	N(6,3)	单位：kPa
Gd	动剪切模量	N(6,3)	单位:kPa
Lamd	阻尼比	N(6,3)	
Tao1	抗液化强度	N(6,3)	单位：kPa
v	泊松比	N(6,3)	
ep	应变幅度	C(20)	
data1	原始试验数据	G	由专业软件解析

表 D.3－33　热物性试验(表名:D304_SOIL_THERMAL_TEST)

字段代码	字段名称	类型及长度	说明
project_count	项目索引号	N(8)	

续表

字段代码	字段名称	类型及长度	说明
Ynumber	土样索引号	N(10)	
lamd	导热系数	N(6,3)	
Cp	比热容	N(6,3)	单位：J/(kg℃)
alpha	导温系数	N(6,3)	即热扩散系数

表 D.3－34　地下水及土的腐蚀性试验(表名:D304_WATER_EROSION)

字段代码	字段名称	类型及长度	说明
project_count	项目索引号	N(8)	
Ynumber	土样、水样索引号	N(10)	
Ytype	样品类别	N(6,3)	1—土样；2—水样
PH	pH 值	N(6,3)	
ZCa	钙离子	N(8,3)	单位:mg/L
ZMg	镁离子	N(8,3)	单位：mg/L
ZCl	氯离子	N(8,3)	单位：mg/L
ZSO4	硫酸根离子	N(8,3)	单位：mg/L
ZHCO3	碳酸氢根离子	N(8,3)	单位：mg/L
ZCO3	碳酸根离子	N(8,3)	单位：mg/L
ZECO2	侵蚀性 CO_2	N(8,3)	单位：mg/L
ZCO2	游离 CO_2	N(8,3)	单位：mg/L
ZNH4	铵离子	N(8,3)	单位：mg/L
ZOH	氢氧根离子	N(8,3)	单位：mg/L
TMineral	总矿化度	N(6,3)	单位：mg/L
ZELECP	氧化还原电位	N(6,3)	单位：mV
ZELECD	极化电流密度	N(6,3)	单位：mA/m^2
ZELECR	电阻率	N(6,3)	单位：Ωm
qresult	评价结果	C(200)	

D.4　地质灾害和环境地质调查数据表

表 D.4－1　地面沉降调查点信息(表名:D401_DMCJ)

字段代码	字段名称	类型及长度	说明
DCDID	调查点 ID	N(10)	
JZWPHBH	建筑物破坏调查点编号	N(8)	
JZWMC	建筑物名称	C(50)	
JZWDZ	建筑物地址	C(50)	
JZWLX	建筑物类型	C(50)	

续表

字段代码	字段名称	类型及长度	说明
QTLFSL	墙体裂缝数量	N(8)	
ZDLFCD	最大裂缝长度	N(11,3)	单位:m
KLSJ	开裂时间	T	
DMKLBH	地面开裂调查点编号	N(8)	
DLFDZ	地裂缝地址	C(50)	
DLFKD	地裂缝宽度	N(11,3)	单位:m
DLFSD	地裂缝深度	N(11,3)	单位:m
DLFZX	地裂缝走向	C(50)	
DLFYZCD	地裂缝延展长度	N(11,3)	单位:m
DLFGC	地裂缝高差	N(11,3)	单位:m
DLFXCSJ	地裂缝形成时间	T	
DLFDMBX	地裂缝两侧地面变形情况	C(200)	
JGTSBH	井管相对抬升调查点编号	N(8)	
JDZ	井地址	C(50)	
XDTSGD	相对抬升高度	N(11,3)	单位:m
JGZWJZWPH	井管周围建筑物破坏情况	C(200)	
QLHDXDTSBH	桥梁涵洞相对抬升调查点编号	N(8)	
QLHDTSDZ	桥梁涵洞相对抬升地址	C(50)	
QLHDTSQK	桥梁涵洞相对抬升情况	C(200)	
QLJCXS	桥梁基础形式	C(50)	
QLJGCDQK	桥梁结构错动情况	C(200)	
HDTHBHQK	河道通航变化情况	C(200)	
SZSSPHBH	市政设施破坏调查点编号	N(8)	
SZSSPHDZ	市政设施破坏调查地址	C(50)	
SZSSPHQK	市政设施破坏情况	C(200)	
GKMTBH	港口码头或岸堤失效调查点编号	N(8)	
GKMTDZ	港口码头或岸堤失效地址	C(50)	
GKMTQK	港口码头或岸堤失效情况	C(200)	
HSDGBH	海水倒灌调查点编号	N(8)	
HSDGDZ	海水倒灌地址	C(50)	
HSDGQK	海水倒灌情况	C(200)	
HLZHBH	洪涝灾害调查点编号	N(8)	
HLZHDZ	洪涝灾害调查地址	C(50)	
HLZHQK	洪涝灾害调查情况	C(200)	
DXSKCC	沉降区地下水开采层次	C(50)	
DXSKCSJ	沉降区地下水开采时间	T	

续表

字段代码	字段名称	类型及长度	说明
DSSKSJSL	沉降区地下水开采井数量	N(8)	单位：口
DXSKXJSD	沉降区地下水开采井深度	N(8)	单位：m
DXSKXL	沉降区地下水开采量	N(11,3)	单位：m^3/a
KCQDXSWGC	沉降区开采前地下水位高程	N(11,3)	单位：m
DXSWGC	漏斗中心地下水位高程	N(11,3)	单位：m
DXSHGCC	沉降区地下水回灌层次	C(50)	
DXSHGSJ	沉降区地下水回灌时间	T	
DXSHGJSL	沉降区地下水回灌井数量	N(8)	单位：口
DXSHGJSD	沉降区地下水回灌井深度	N(8)	单位：m
DXSHGL	沉降区地下水回灌量	N(11,3)	单位：m^3/a
FZCSJY	沉降区防治措施及建议	C(200)	
DCDW	调查单位	C(50)	

表 D.4－2　地面塌陷调查点信息(表名:D402_DMTX)

字段代码	字段名称	类型及长度	说明
TXBH	塌陷编号	N(8)	
SSQX	所属区县	C(50)	
TXWZ	塌陷位置	C(50)	
TXSJ	塌陷时间	T	
TXKXT	塌陷坑形态	C(50)	
TXKKMJ	塌陷坑口面积	N(8,3)	单位：m^2
TXKSD	塌陷坑深度	N(11,3)	单位：m
TXDCYX	塌陷地层岩性	C(50)	
DXSLX	地下水类型	C(50)	
DXSWMS	地下水位埋深	N(11,3)	
TXCY	塌陷成因	C(100)	
ZCSH	造成损害	C(50)	
FZCSJY	防治措施及建议	C(200)	
DCDW	调查单位	C(50)	

表 D.4－3　崩塌调查点信息(表名:D403_BT)

字段代码	字段名称	类型及长度	说明
BTBH	崩塌编号	N(8)	
SSQX	所属区县	C(50)	
BTWZ	崩塌位置	C(50)	
BTKSSJ	崩塌开始时间	T	
BTLX	崩塌类型	C(50)	

续表

字段代码	字段名称	类型及长度	说明
BTYSLX	崩塌岩石类型	C(50)	
BTCZLJ	崩塌垂直落距	N(11,3)	单位:m
DTXT	堆体形态	C(50)	
DTZDMJ	堆体占地面积	N(11,3)	单位:m^2
DTGD	堆体高度	N(11,3)	单位:m
DTTJ	堆体体积	N(11,3)	单位:m^3
ZCSH	造成损害	C(50)	
FZCSJY	防治措施及建议	C(200)	
DCDW	调查单位	C(50)	

表 D.4－4 污染源信息(表名:D404_WRY)

字段代码	字段名称	类型及长度	说明
DCDBH	调查点编号	C(20)	
TKCAF	东坐标	N(11,3)	
TKCAG	北坐标	N(11,3)	
CHAJ	高程	N(8,2)	
SWFMDA	污染源名称	C(20)	
CHAMDB	比例尺	C(20)	
SWBIAD	照片编号	C(20)	
SWBIAE	照片张数	N(6)	
SWFMDB	油品溶剂类型	C(50)	
SWFMDC	油品溶剂数量	C(50)	
SWFMDD	是否发生过意外事件	C(50)	
SWFMDE	受影响的面积	C(20)	
SWFMDF	固废场地类型	C(50)	
SWFMDG	堆置时间	T	
SWFMDH	堆置数量/面积	C(50)	
SWFMDI	填埋深度	N(8,2)	单位:m
SWFMDJ	堆置方式	C(20)	
SWFMDK	防渗措施	C(20)	
SWFMDL	运行状态	C(30)	
SWFMDM	包气带厚度及介质类型	C(20)	
SWBFE1	堆置场地地下水埋藏条件	C(200)	
SWFMD01	固废与地下水源地的位置关系及距离	C(100)	
SWFMDN	企业废弃场地类型	C(20)	
SWFMD0	建厂时间	T	

续表

字段代码	字段名称	类型及长度	说明
SWFMDP	搬迁时间	T	
SWFMDQ	企业废弃场场地面积	N(8,2)	单位:km^2
SWFMDM1	场地包气带厚度及介质类型	C(200)	
SWBFE2	场地地下水埋藏条件	C(50)	
SWFMD02	场地与地下水源地的位置关系及距离	C(100)	
SWFMDR	养殖场类型	C(20)	
SWFMDS	建场时间	T	
SWFMDT	养殖场场地面积	N(8,1)	单位:km^2
SWFMDU	养殖数量	N(6)	
SWFMDV	废水产生量	N(8,1)	m^3/a
SWFMDW	固废产生量	N(8,1)	t/a
SWFMDX	废物处置方式	C(20)	
SWBFE3	养殖场场地地下水埋藏条件	C(200)	
SWFMD03	养殖场与地下水源地的位置关系及距离	C(100)	
SWCCF	废弃井类型	C(100)	
SWFMDY	废弃时间	T	
SWFMDZ	处置方式	C(100)	
SWIBQ	井深	N(8,1)	单位:m
SWFGAA	层位	C(30)	
TKCC	井结构	C(30)	
SWFMDZZ	废弃原因	C(100)	
SWFMD04	废弃井与地下水源地的位置关系	C(100)	
SWBBK	调查日期	T	
SWBBNB	调查者	C(30)	
JJDAC	记录人	C(30)	
PKIGK	审核人	C(30)	

表 D.4-5　主要工矿企业排污信息(表名:D404_GKQYPW)

字段代码	字段名称	类型及长度	说明
DCDBH	调查点编号	C(20)	
TKCAF	东坐标	N(11,3)	
TKCAG	北坐标	N(11,3)	
CHAJ	高程	N(8,2)	
QYMC	企业名称	C(50)	
WSPFZL	污水排放总量	N(8,1)	单位:万 t/d
GYWSPFL	工业污水排放量	N(8,1)	单位:万 t/d

字段代码	字段名称	类型及长度	说明
SHWSPFL	生活污水排放量	N(8,1)	单位:万 t/d
CHWSPFL	经过处理的污水排放量	N(8,1)	单位:万 t/d
FHBZWSPFL	符合标准的污水排放量	N(8,1)	单位:万 t/d
ZYWRW	主要污染物	C(50)	
ZYWRWSL	主要污染物数量	N(8,1)	单位:kg/d
DCDW	调查单位	C(60)	
SWBBK	调查日期	T	
SWBBNB	调查者	C(30)	
JJDAC	记录人	C(30)	
PKIGK	审核人	C(30)	

表 D.4－6　农药施用信息(表名:D404_NYSY)

字段代码	字段名称	类型及长度	说明
TYBH	统一编号	C(12)	
XZQXM	行政区县名	C(50)	
XZM	乡镇名	C(50)	
GDMJ	耕地面积	N(8,1)	单位:km^2
ZYZW	主要作物	C(50)	
NYMC	农药名称	C(30)	
NYYL	农药用量	N(8,1)	单位:t
NYZL	总量	N(8,1)	单位:t
PJYL	平均用量	N(8,1)	单位:kg/a
YEAR	年度	N(4)	

表 D.4－7　化肥施用信息(表名:D404_HFSY)

字段代码	字段名称	类型及长度	说明
TYBH	统一编号	C(12)	
XZQXM	行政区县名	C(50)	
XZM	乡镇名	C(50)	
SYMJ	施用面积	N(8,1)	单位:km^2
ZYZW	主要作物	C(50)	
HFMC	化肥名称	C(30)	
HFYL	化肥用量	N(8,1)	单位:t
HFZL	总量	N(8,1)	单位:t
PJYL	平均用量	N(8,1)	单位:kg/a
YEAR	年度	N(4)	

表 D.4-8　污灌信息(表名:D404_WG)

字段代码	字段名称	类型及长度	说明
TYBH	统一编号	C(12)	
XZQXM	行政区县名	C(50)	
XZM	乡镇名	C(50)	
YEAR	年度	C(4)	
WGMJ	污灌面积	N(8,1)	单位:hm^2
DWMJWGL	单位面积年污灌量	N(8,1)	单位:t
WSND	各种污水成分的浓度	N(8,2)	
ZWLX	作物类型	C(50)	

表 D.4-9　入河排污口信息(表名:D404_RHPWK)

字段代码	字段名称	类型及长度	说明
TYNH	统一编号	C(17)	
PWKYBH	排污口原编号	C20	
TKCAF	东坐标	N(11,3)	
TKCAG	北坐标	N(11,3)	
CHAJ	高程	N(8,2)	
TFMC	图幅名称	C(20)	
PWKMC	排污口名称	C(50)	
QYQK	取样情况	C(50)	
SSSX	所属水系	C(30)	
HLMC	河流名称	C(30)	
WSPFL	污水排放量	N(8,1)	单位:m^3/d
WSQX	污水去向	C(30)	
QTSM	其他说明	C(200)	
LX	类型	C(20)	
PFL	排放量	N(8,1)	单位:kg/d
WRWHL	污染物含量	N(8,1)	
DCDW	调查单位	C(60)	
DCRQ	调查日期	T	
DCR	调查人	C(30)	
JLR	记录人	C(30)	
SHR	审核人	C(30)	

表 D.4-10　海水入侵信息(表名:D404_HSRQ)

字段代码	字段名称	类型及长度	说明
TYBH	统一编号	C(17)	
YWBH	野外编号	C(20)	

续表

字段代码	字段名称	类型及长度	说明
TFMC	图幅名称及编号	C(20)	
TKCAF	东坐标	N(11,3)	
TKCAG	北坐标	N(11,3)	
CHAJ	高程	N(8,2)	
DLWZ	地理位置	C(60)	
HYMC	海域名称	C(60)	
HADMXZ	海岸地貌性质及描述	C(300)	
GZ	构造	C(100)	
YX	岩性	C(4)	单选:基岩、砂砾、泥质
YXTZ	岩性特征	C(100)	
QXSWCXTZ	气象水文及潮汐特征	C(100)	
SWDZTZ	水文地质特征	C(100)	
CPSGCQK	抽排水工程类型、规模及运行情况	C(100)	
CPSCW	抽排水层位	C(50)	
CPQSSJ	抽排起始时间	T	
CPZZSJ	抽排终止时间	T	
CL-BASE	Cl^-背景	N(7,2)	单位:mg/L
ZCL	Cl^-现状	N(7,2)	单位:mg/L
DXSXTWZ	调查点所在地下水流系统中的位置	C(6)	单选:补给区、径流区、排泄区
QSSW	潜水地下水位(头)埋深	N(7,2)	单位:m
CYSSW	承压水地下水位(头)埋深	N(7,2)	单位:m
QSSWBF	潜水年均水位(头)变幅	N(7,2)	单位:m
CYSWBF	承压年均水位(头)变幅	N(7,2)	单位:m
CPSL	平均抽排水量	N(7,2)	单位:m^3/d
BJL	平均补给量	N(7,2)	单位:m^3/d
YSTTZ	咸水体特征	C(100)	
FZXZJY	防治现状、效果及建议	C(100)	
PMWZT	调查点平面位置示意图	G	
PMT	调查点剖面图	G	
ZLLY	资料来源	C(60)	
YPH	样品号	C(20)	
ZPH	照片号及说明	C(50)	
DCDW	调查单位	C(60)	
DCR	调查人	C(30)	
DCRJ	调查日期	T	

续表

字段代码	字段名称	类型及长度	说明
JLR	记录人	C(30)	
SHR	审核人	C(30)	

D.5 地球物理勘探数据表

表 D.5-1 高精度重力法测线数据表(表名:D501_CX)

字段代码	字段名称	类型及长度	说明
CHFCAC	测线索引编号	N(10)	
WTDDAC	测线编号	C(20)	
WTDDAB	测线名称	C(60)	
DOTLIST	测线坐标串	G	线上坐标点序列,点序列格式为 X,Y,Z 坐标
DOTNUM	测线坐标数	G	测线上坐标点序列数
WTDDAE	测线长度	N(10,2)	
WTDDAD	测线类型	C(3)	参照《地质矿产术语分类代码 地球物理勘查》GB/T 9649.28
WTDDAI	测线方位角	C(16)	
WTDDAK	测线起始桩号	C(20)	
WTDDAL	测线终止桩号	C(20)	
WTDHAB	剖面类型	C(3)	参照《地质矿产术语分类代码 地球物理勘查》GB/T 9649.28
PKIIZ	备注	C(200)	

表 D.5-2 高精度重力法测点数据表(表名:D501_CD)

字段代码	字段名称	类型及长度	说明
CHFCAC	测点索引编号	N(10)	
ID	点号	N(10)	统一编号,共有四位数,前两位数为纵坐标的千米数,后两位数为横坐标的千米数
TKCAF	东坐标	N(11,3)	
TKCAG	北坐标	N(11,3)	
CHAJ	高程值	N(8,2)	
WTAEAI	近区地形改正值	N(12,3)	测点周围 0～50(或100)m 范围内地形改正值
WTAEAJ	中区地形改正值	N(12,3)	测点周围 50(或 100)m～2km 范围内地形改正值

续表

字段代码	字段名称	类型及长度	说明
WTAEAK1	远一区地形改正值	N(12,3)	测点周围 2km～20km 范围内地形改正值
WTAEAK2	远二区地形改正值	N(12,3)	测点周围 20km～166.7km 范围内地形改正值
WTAAAI	实测重力值	N(12,3)	在测点上观测的重力值经过混合零点位移改正、固体潮改正以后，并按照 DZ/T 0082，统一到 2000 网的绝对重力值
WTAHAN	布格重力异常值	N(12,3)	实测重力值经过正常场改正、布格改正和地形改正后的重力异常值
WTAHAM	自由空间重力异常值	N(12,3)	实测重力值经过正常场改正、高度改正后的重力异常值
WTAHAO	均衡重力异常值	N(12,3)	布格重力异常值经过均衡改正后的重力异常值
CHK	质量检查点标志	N(1)	标示该记录的测点是否为重力测量工作中的质量检查测点。是质量检查点的，填写“1”；否则填写“0”
WID	工区编号	C(6)	用六位数字表达，第一、二位为省(区)代码，第三到六位为工区顺序号
PKIIZ	备注	C(200)	

表 D.5－3　高精度重力法基点观测数据表(表名:D501_JDGC)

字段代码	字段名称	类型及长度	说明
CHFCAC	基点索引编号	N(10)	
JDBH	基点编号	C(20)	
JDLX	基点类型	N(1)	
TKCAF	东坐标	N(11,3)	
TKCAG	北坐标	N(11,3)	
DSJG	读数间隔	N(7,1)	
GCSC	观测时长	N(8,1)	
GCSJ	观测数据	G	
PKIIZ	备注	C(200)	

表 D.5－4　高精度磁法测线数据表(表名:D502_CX)

该表与表 D501_CX 相同。

表 D.5－5　高精度磁法测点数据表(表名:D502_CD)

字段代码	字段名称	类型及长度	说明
CHFCAC	索引编号	N(10)	
GCMC	工程名称	C(60)	
GQDLWZ	工区地理位置	C(100)	
CQMC	测区名称	C(60)	
TCRQ	探测日期	T	
T0	基本磁场 T_0	N(12,2)	
CDBZT	测点布置图	G	测区内所有测点的位置图,为 CAD 图形
CXS	测线数	N(4)	
CXJ	测线距	N(7,2)	
DJ	点距	N(7,2)	
GCLX	观测类型	N(1)	
GCSJ	观测数据	G	各测点的磁场观测值,测点数据按测线依次储存在数据文件中,数据由三列组成,第一列为 12 测点的横坐标,第二列为测点的纵坐标,第三列为测点的磁场观测值
PKIIZ	备注	200	

表 D.5－6　高精度磁法基点观测数据表(表名:D502_JDGC)

该表与表 D501_JDGC 相同。

表 D.5－7　高精度磁法日变观测数据表(表名:D502_RBGC)

字段代码	字段名称	类型及长度	说明
CHFCAC	索引编号	N(10)	
DLWZ	日变站地理位置	C(60)	
GCRQ	观测时期	T	
TKCAF	东坐标	N(11,3)	
TKCAG	北坐标	N(11,3)	
START_TIME	起始观测时间	T	
END_TIME	终止观测时间	T	
TIME_GAP	观测时间间隔	N(5)	
GCSJ	观测数据	N(12,2)	
PKIIZ	备注	C(200)	

表 D.5－8　直流电法测线数据表(表名:D503_CX)

该表与表 D501_CX 相同。

表 D.5-9　直流电法测点数据表(表名:D503_CD)

字段代码	字段名称	类型及长度	说明
PKIAA	测点索引编号	N(10)	
CDBH	测点编号	C(20)	
CDMC	测点名称	C(40)	
TKCAF	东坐标	N(11,3)	
TKCAG	北坐标	N(11,3)	
CDGC	测点高程	N(8,2)	
CDSD	测点深度	N(8,2)	
CDLX	测点类型	C(3)	
KTFF	勘探方法	C(1)	
ZZLX	装置类型	C(2)	
DJJ	电极距	C(10)	
ZZXS	装置系数	N(8,2)	
GCSJ	观测数据	G	
WJWZ	原始记录 文件位置	C(100)	
WJMC	原始记录 文件名称	C(100)	
PKIIZ	备注	C(200)	

表 D.5-10　自然电场法数据表(表名:D503_ZRDCF)

字段代码	字段名称	类型及长度	说明
PKIAA	测线索引编号	N(10)	
CXBH	测线编号	C(20)	
CXMC	测线名称	C(40)	
CXZBC	测线坐标串	G	
CXZBS	测线坐标数	G	
CXCD	测线长度	N(8,2)	
CXLX	测线类型	C(3)	
CXQSZH	测线起始桩号	C(20)	
CXZZZH	测线终止桩号	C(20)	
GCFS	观测方式	C(1)	
CDDW	测点电位	N(12,2)	
DWTD	测点电位梯度	N(12,2)	
WJWZ	原始记录文件位置	C(100)	
WJMC	原始记录文件名称	C(100)	
PKIIZ	备注	C(200)	

表 D.5－11　充电法数据表(表名:D503_CDF)

字段代码	字段名称	类型及长度	说明
PKIAA	测线索引编号	N(10)	
CXBH	测线编号	C(20)	
CXMC	测线名称	C(40)	
CXZBC	测线坐标串	G	
CXZBS	测线坐标数	G	
CXCD	测线长度	N(8,2)	
CXLX	测线类型	C(3)	
CXQSZH	测线起始桩号	C(20)	
CXZZZH	测线终止桩号	C(20)	
GCFS	观测方式	C(2)	
GCSJ	观测数据	G	
WJWZ	原始记录文件位置	C(100)	
WJMC	原始记录文件名称	C(100)	
PKIIZ	备注	C(200)	

表 D.5－12　电剖面法数据表(表名:D503_DPMF)

该表与表 D503_CDF 相同。

表 D.5－13　电测深法数据表(表名:D503_DCSF)

该表与表 D503_CD 相同。

表 D.5－14　高密度电阻率法数据(表名:D503_GMDDZF)

该表与表 D503_CD 相同。

表 D.5－15　激发极化法数据表(表名:D503_JFJHF)

字段代码	字段名称	类型及长度	说明
PKIAA	测线索引编号	N(10)	
CXBH	测线编号	C(20)	
CXMC	测线名称	C(40)	
CXZBC	测线坐标串	G	
CXZBS	测线坐标数	G	
CXCD	测线长度	N(8,2)	
CXLX	测线类型	C(3)	
CXQSZH	测线起始桩号	C(20)	
CXZZZH	测线终止桩号	C(20)	
ZZLX	装置类型	C(2)	
DJJ	电极距	C(10)	
ZZXS	装置系数	N(8,2)	
GCSJ	观测数据	G	

字段代码	字段名称	类型及长度	说明
WJWZ	原始记录文件位置	C(100)	
WJMC	原始记录文件名称	C(50)	
PKIIZ	备注	C(200)	

表 D.5－16 电磁法测线数据表(表名:D504_CX)

字段代码	字段名称	类型及长度	说明
PKIAA	测线索引编号	N(10)	
CXBH	测线编号	C(20)	
CXMC	测线名称	C(40)	
CXZBC	测线坐标串	G	
CXZBS	测线坐标数	G	
CXCD	测线长度	N(8,2)	
CXLX	测线类型	C(3)	
CXQSZH	测线起始桩号	C(20)	
CXZZZH	测线终止桩号	C(20)	
GCSJ	观测数据	G	
WJWZ	原始记录文件位置	C(100)	
WJMC	原始记录文件名称	C(50)	
PKIIZ	备注	C(200)	

表 D.5－17 电磁法测点数据表(表名:D504_CD)

字段代码	字段名称	类型及长度	说明
PKIAA	测点索引编号	N(10)	
CDBH	测点编号	C(20)	
CDMC	测点名称	C(40)	
TKCAF	东坐标	N(11,3)	
TKCAG	北坐标	N(11,3)	
CDGC	测点高程	N(8,2)	
CDSD	测点深度	N(8,2)	
CDLX	测点类型	C(3)	
KTFF	勘探方法	C(1)	
GCSJ	观测数据	G	
WJWZ	原始记录文件位置	C(100)	
WJMC	原始记录文件名称	C(100)	
PKIIZ	备注	C(200)	

表 D.5－18　电磁测深法数据表(表名:D504_DCCSF)

字段代码	字段名称	类型及长度	说明
PKIAA	测线索引编号	N(10)	
CXBH	测线编号	C(20)	
CXMC	测线名称	C(40)	
CXZBC	测线坐标串	G	
CXZBS	测线坐标数	G	
CXCD	测线长度	N(8,2)	
CXLX	测线类型	C(3)	
CXQSZH	测线起始桩号	C(20)	
CXZZZH	测线终止桩号	C(20)	
KTFF	勘探方法	C(1)	
ZZLX	装置类型	C(2)	
GCSJ	观测数据	G	
WJWZ	原始记录文件位置	C(100)	
WJMC	原始记录文件名称	C(50)	
PKIIZ	备注	C(200)	

表 D.5－19　电磁剖面法数据表(表名:D504_DCPMF)

字段代码	字段名称	类型及长度	说明
PKIAA	测线索引编号	N(10)	
CXBH	测线编号	C(20)	
CXMC	测线名称	C(40)	
CXZBC	测线坐标串	G	
CXZBS	测线坐标数	G	
CXCD	测线长度	N(8,2)	
CXLX	测线类型	C(3)	
CXQSZH	测线起始桩号	C(20)	
CXZZZH	测线终止桩号	C(20)	
KTFF	勘探方法	C(1)	
ZZLX	装置类型	C(2)	
GCSJ	观测数据	G	
WJWZ	原始记录文件位置	C(100)	
WJMC	原始记录文件名称	C(50)	
PKIIZ	备注	C(200)	

表 D.5－20　瞬变电磁法数据表(表名:D504_SBDCF)

字段代码	字段名称	类型及长度	说明
PKIAA	测线索引编号	N(10)	

字段代码	字段名称	类型及长度	说明
CXBH	测线编号	C(20)	
CXMC	测线名称	C(40)	
CXZBC	测线坐标串	G	
CXZBS	测线坐标数	G	
CXCD	测线长度	N(8,2)	
CXLX	测线类型	C(3)	
CXQSZH	测线起始桩号	C(20)	
CXZZZH	测线终止桩号	C(20)	
KTFF	勘探方法	C(1)	
ZZLX	装置类型	C(2)	
HXBC	回线边长	N(8,2)	
GCSJ	观测数据	G	
WJWZ	原始记录文件位置	C(100)	
WJMC	原始记录文件名称	C(50)	
PKIIZ	备注	C(200)	

表 D.5－21　探地雷达法数据表(表名:D504_TDLDF)

字段代码	字段名称	类型及长度	说明
PKIAA	测线索引编号	N(10)	
WTDDAC	测线编号	C(20)	
WTDDAB	测线名称	C(40)	
DOTLIST	测线坐标串	G	
DOTNUM	测线坐标数	G	
WTDB	勘探方法	C(3)	
WTDDAE	测线长度	N(8,2)	
WTDHAB	剖面类型	C(3)	
WTDDAD	测线类型	C(3)	
WTDDAI	测线方位角	C(16)	
WTDDAK	测线起始桩号	C(20)	
WTDDAL	测线终止桩号	C(20)	
WTDCAK	记录格式	C(4)	
TXPL	天线频率	C(10)	
JDCS	介电常数	N(8,2)	
SC	时窗	T	
DDCYDS	单道采样点数	N(8)	
GCSJ	观测数据	G	

续表

字段代码	字段名称	类型及长度	说明
TMC	观测系统图名称	C(50)	
WJWZ	原始记录文件位置	C(100)	
WJMC	原始记录文件名称	C(50)	
PKIIZ	备注	C(200)	

表 D.5-22　核磁共振法数据表(表名:D504_HCGZF)

字段代码	字段名称	类型及长度	说明
PKIAA	测线索引编号	N(10)	
CXBH	测线编号	C(20)	
CXMC	测线名称	C(40)	
CXZBC	测线坐标串	G	
CXZBS	测线坐标数	G	
CXCD	测线长度	N(8,2)	
CXLX	测线类型	C(3)	
CXQSZH	测线起始桩号	C(20)	
CXZZZH	测线终止桩号	C(20)	
KTFF	勘探方法	C(1)	
ZZLX	装置类型	C(2)	
GCSJ	观测数据	G	
WJWZ	原始记录文件位置	C(100)	
WJMC	原始记录文件名称	C(50)	
PKIIZ	备注	C(200)	

表 D.5-23　浅层地震法测线数据表(表名:D505_CX)

字段代码	字段名称	类型及长度	说明
PKIAA	测线索引编号	N(10)	
CXBH	测线编号	C(20)	
CXMC	测线名称	C(40)	
CXZBC	测线坐标串	G	
CXZBS	测线坐标数	G	
CXCD	测线长度	N(8,2)	
CXLX	测线类型	C(3)	
CXQSZH	测线起始桩号	C(20)	
CXZZZH	测线终止桩号	C(20)	
GCSJ	观测数据	G	
WJWZ	原始记录文件位置	C(100)	
WJMC	原始记录文件名称	C(50)	
PKIIZ	备注	C(200)	

表 D.5－24　反射波法数据表(表名:D505_FSBF)

字段代码	字段名称	类型及长度	说明
PKIAA	索引编号	N(10)	
BKBH	炮孔编号	C(20)	
JSKBH	接收孔编号	C(20)	
BKHZB	炮孔东坐标	N(12,2)	
BKZZB	炮孔北坐标	N(11,2)	
BKSD	炮孔深度	N(8,2)	
JSKHZB	接收孔东坐标	N(12,2)	
JSKZZB	接收孔北坐标	N(11,2)	
JSKSD	接收孔深度	N(8,2)	
JFFS	激发方式	C(20)	
GCSJ	观测数据	G	
TMC	观测系统	C(50)	
WJWZ	原始记录文件位置	C(100)	
WJMC	原始记录文件名称	C(50)	
PKIIZ	备注	C(200)	

表 D.5－25　透射波法数据表(表名:D505_TSBF)

字段代码	字段名称	类型及长度	说明
PKIAA	索引编号	N(10)	
BKBH	炮孔编号	C(20)	
JSKBH	接收孔编号	C(20)	
BKHZB	炮孔东坐标	N(12,2)	
BKZZB	炮孔北坐标	N(11,2)	
BKSD	炮孔深度	N(8,2)	
JSKHZB	接收孔东坐标	N(12,2)	
JSKZZB	接收孔北坐标	N(11,2)	
JSKSD	接收孔深度	N(8,2)	
JFFS	击发方式	C(20)	
ZBS	总炮数	N(4)	
GCSJ	观测数据	G	
TMC	观测系统图名称	C(50)	
WJWZ	原始记录文件位置	C(100)	
WJMC	原始记录文件名称	C(50)	
PKIIZ	备注	C(200)	

表 D.5－26　折射波法数据表(表名:D505_ZSBF)

该表与表 D505_FSBF 相同。

表 D.5－27　面波法数据表(表名:D505_MBF)

该表与表 D505_FSBF 相同。

表 D.5－28　微动勘探法数据表(表名:D505_WDKTF)

字段代码	字段名称	类型及长度	说明
PKIAA	索引编号	N(10)	
JSKHZB	接收点东坐标	N(12,2)	
JSKZZB	接收点北坐标	N(11,2)	
JSKSD	接收点高程	N(8,2)	
JFFS	观测方式	C(20)	
ZBS	观测时间	N(4)	
GCSJ	观测数据	G	
TMC	观测系统图	C(50)	
WJWZ	原始记录文件位置	C(100)	
WJMC	原始记录文件名称	C(50)	
PKIIZ	备注	C(200)	

表 D.5－29　放射性法测线数据表(表名:D506_CX)

字段代码	字段名称	类型及长度	说明
PKIAA	测线索引编号	N(10)	
CXBH	测线编号	C(20)	
CXMC	测线名称	C(40)	
CXZBC	测线坐标串	G	
CXZBS	测线坐标数	G	
CXCD	测线长度	N(8,2)	
CXLX	测线类型	C(3)	
CXQSZH	测线起始桩号	C(20)	
CXZZZH	测线终止桩号	C(20)	
GCSJ	观测数据	G	
WJWZ	原始记录文件位置	C(100)	
WJMC	原始记录文件名称	C(50)	
PKIIZ	备注	C(200)	

表 D.5－30　放射性法测点数据表(表名:D506_CD)

字段代码	字段名称	类型及长度	说明
PKIAA	测点索引编号	N(10)	
CDBH	测点编号	C(20)	
CDMC	测点名称	C(40)	
TKCAF	东坐标	N(11,3)	

续表

字段代码	字段名称	类型及长度	说明
TKCAG	北坐标	N(11,3)	
CDGC	测点高程	N(8,2)	
CDSD	测点深度	N(8,2)	
CDLX	测点类型	C(3)	
KTFF	勘探方法	C(1)	
GCSJ	观测数据	G	
WJWZ	原始记录文件位置	C(100)	
WJMC	原始记录文件名称	C(100)	
PKIIZ	备注	C(200)	

表 D.5－31　伽玛测量法数据表(表名:D506_GMCLF)

字段代码	字段名称	类型及长度	说明
PKIAA	索引编号	N(10)	
GCMC	工程名称	C(40)	
CXBH	测线编号	C(20)	
CXS	测线数	N(4)	
CDBZT	测点布置图	G	
GCSJ	观测数据	G	
PKIIZ	备注	C(200)	

表 D.5－32　氡气测量法数据表(表名:D506_DQCLF)

该表与表 D506_GMCLF 相同。

表 D.5－33　温度测量法测线数据表(表名:D507_CX)

字段代码	字段名称	类型及长度	说明
PKIAA	测线索引编号	N(10)	
CXBH	测线编号	C(20)	
CXMC	测线名称	C(40)	
CXZBC	测线坐标串	G	
CXZBS	测线坐标数	G	
CXCD	测线长度	N(8,2)	
CXLX	测线类型	C(3)	
CXQSZH	测线起始桩号	C(20)	
CXZZZH	测线终止桩号	C(20)	
GCSJ	观测数据	G	
WJWZ	原始记录文件位置	C(100)	
WJMC	原始记录文件名称	C(50)	
PKIIZ	备注	C(200)	

表 D.5－34　温度测量法测点数据表(表名:D507_CD)

字段代码	字段名称	类型及长度	说明
PKIAA	测点索引编号	N(10)	
CDBH	测点编号	C(20)	
CDMC	测点名称	C(40)	
TKCAF	东坐标	N(11,3)	
TKCAG	北坐标	N(11,3)	
CDGC	测点高程	N(8,2)	
CDSD	测点深度	N(8,2)	
CDLX	测点类型	C(3)	
KTFF	勘探方法	C(1)	
GCSJ	观测数据	G	
WJWZ	原始记录文件位置	C(100)	
WJMC	原始记录文件名称	C(100)	
PKIIZ	备注	C(200)	

表 D.5－35　红外热像法数据表(表名:D507_HWRXF)

字段代码	字段名称	类型及长度	说明
PKIAA	索引编号	N(10)	
GCMC	工程名称	C(40)	
CXBH	测线编号	C(20)	
CXS	测线数	N(4)	
CDBZT	测点布置图	G	
GCSJ	观测数据	G	
PKIIZ	备注	C(200)	

表 D.5－36　地温测量法数据表(表名:D507_DWCLF)

字段代码	字段名称	类型及长度	说明
PKIAA	索引编号	N(10)	
GCMC	工程名称	C(40)	
CXBH	测线编号	C(20)	
CXS	测线数	N(4)	
CDBZT	测点布置图	G	
GCSJ	观测数据	G	
PKIIZ	备注	C(200)	

表 D.5－37 大体积混凝土测温法数据表(表名:D507_HNTCWF)

字段代码	字段名称	类型及长度	说明
PKIAA	索引编号	N(10)	
GCMC	工程名称	C(40)	
CXBH	测线编号	C(20)	
CXS	测线数	N(4)	
CDBZT	测点布置图	G	
GCSJ	观测数据	G	
PKIIZ	备注	C(200)	

表 D.5－38 振动测试法测线数据表(表名:D508_CX)

字段代码	字段名称	类型及长度	说明
PKIAA	测线索引编号	N(10)	
CXBH	测线编号	C(20)	
CXMC	测线名称	C(40)	
CXZBC	测线坐标串	G	
CXZBS	测线坐标数	G	
CXCD	测线长度	N(8,2)	
CXLX	测线类型	C(3)	
CXQSZH	测线起始桩号	C(20)	
CXZZZH	测线终止桩号	C(20)	
GCSJ	观测数据	G	
WJWZ	原始记录文件位置	C(100)	
WJMC	原始记录文件名称	C(50)	
PKIIZ	备注	C(200)	

表 D.5－39 振动测试法测点数据表(表名:D508_CD)

字段代码	字段名称	类型及长度	说明
PKIAA	测点索引编号	N(10)	
CDBH	测点编号	C(20)	
CDMC	测点名称	C(40)	
TKCAF	东坐标	N(11,3)	
TKCAG	北坐标	N(11,3)	
CDGC	测点高程	N(8,2)	
CDSD	测点深度	N(8,2)	
CDLX	测点类型	C(3)	
KTFF	勘探方法	C(1)	
GCSJ	观测数据	G	
WJWZ	原始记录文件位置	C(100)	
WJMC	原始记录文件名称	C(100)	
PKIIZ	备注	C(200)	

表 D.5-40　基础强迫振动测试法数据表(表名:D508_JCQBZDF)

字段代码	字段名称	类型及长度	说明
PKIAA	索引编号	N(10)	
GCMC	工程名称	C(40)	
CXBH	测线编号	C(20)	
CXS	测线数	N(4)	
CDBZT	测点布置图	G	
GCSJ	观测数据	G	
PKIIZ	备注	C(200)	

表 D.5-41　微振动测试法数据表(表名:D508_WZDF)

该表与表 D508_JCQBZDF 相同。

表 D.5-42　振动衰减测试法数据表(表名:D508_ZDSJF)

该表与表 D508_JCQBZDF 相同。

表 D.5-43　水域探测法测线数据表(表名:D509_CX)

字段代码	字段名称	类型及长度	说明
PKIAA	测线索引编号	N(9)	
WTDDAC	测线编号	C(40)	每年必须唯一
WTDDAB	测线名称	C(255)	
WTDB	勘探方法	C(20)	填:单波束/多波束/单道地震/浅剖等
SORDATE	测量日期	C(20)	
INSTRUMENT	测量仪器	C(60)	
SOURCE	资料来源	C(60)	原始数据采集单位名称
ORIENTATION	方向	C(20)	
LOCATION	存储位置	C(255)	原始数据存储路径
FILENAME	文件名	C(100)	原始数据文件名
PKIIZ	备注	C(200)	

表 D.5-44　水域探测法测点数据表(表名:D509_CD)

字段代码	字段名称	类型及长度	说明
PKIAA	测点索引编号	N(10)	
CDBH	测点编号	C(20)	
CDMC	测点名称	C(40)	
TKCAF	东坐标	N(11,3)	
TKCAG	北坐标	N(11,3)	

续表

字段代码	字段名称	类型及长度	说明
CDGC	测点高程	N(8,2)	
CDSD	测点深度	N(8,2)	
CDLX	测点类型	C(3)	
KTFF	勘探方法	C(1)	
GCSJ	观测数据	G	
WJWZ	原始记录文件位置	C(100)	
WJMC	原始记录文件名称	C(100)	
PKIIZ	备注	C(200)	

表 D.5－45　声呐测深法数据表(表名:D509_SNCSF)

字段代码	字段名称	类型及长度	说明
CHFCAC	测线索引编号	N(10)	
WTDDAC	测线编号	C(20)	
WTDDAB	测线名称	C(40)	
DOTLIST	测线坐标串	G	
DOTNUM	测线坐标数	G	
WTDDAE	测线长度	N(8,2)	
WTDDAD	测线类型	C(3)	
WTDDAI	测线方位角	C(16)	
WTDDAK	测线起始桩号	C(20)	
WTDDAL	测线终止桩号	C(20)	
GCSJ	观测数据	G	
WJWZ	原始记录文件位置	C(100)	
WJMC	原始记录文件名称	C(50)	
PKIIZ	备注	C(200)	

表 D.5－46　侧扫声呐法数据表(表名:D509_CSSNF)

该表与表 D509_SNCSF 相同。

表 D.5－47　水域地震法数据表(表名:D509_SYDZF)

字段代码	字段名称	类型及长度	说明
CHFCAC	测线索引编号	N(10)	
WTDDAC	测线编号	C(20)	
WTDDAB	测线名称	C(40)	
DOTLIST	测线坐标串	G	
DOTNUM	测线坐标数	G	
WTDDAE	测线长度	N(8,2)	
WTDDAD	测线类型	C(3)	

字段代码	字段名称	类型及长度	说明
WTDDAI	测线方位角	C(16)	
WTDDAK	测线起始桩号	C(20)	
WTDDAL	测线终止桩号	C(20)	
JSKSD	震源入水深度	N(8,2)	
JFFS	激发方式	C(20)	
GCSJ	观测数据	G	
GCXT	观测系统	C(60)	
WJWZ	原始记录文件位置	C(100)	
WJMC	原始记录文件名称	C(50)	
PKIIZ	备注	C(200)	

表 D.5－48　浅地层剖面法数据表(表名:D509_QDCPMF)

该表与表 D509_SNCSF 相同。

表 D.5－49　水域直流电法数据表(表名:D509_SYZLDF)

字段代码	字段名称	类型及长度	说明
CHFCAC	测线索引编号	N(10)	
WTDDAC	测线编号	C(20)	
WTDDAB	测线名称	C(40)	
DOTLIST	测线坐标串	G	
DOTNUM	测线坐标数	G	
WTDDAE	测线长度	N(8,2)	
WTDDAD	测线类型	C(3)	
WTDDAI	测线方位角	C(16)	
WTDDAK	测线起始桩号	C(20)	
WTDDAL	测线终止桩号	C(20)	
GCSJ	观测数据	G	
GCZZT	观测装置图	G	
WJWZ	原始记录文件位置	C(100)	
WJMC	原始记录文件名称	C(50)	
PKIIZ	备注	C(200)	

表 D.5－50　水域磁法数据表(表名:D509_SYCF)

字段代码	字段名称	类型及长度	说明
CHFCAC	测线索引编号	N(10)	
WTDDAC	测线编号	C(20)	
WTDDAB	测线名称	C(40)	
DOTLIST	测线坐标串	G	

续表

字段代码	字段名称	类型及长度	说明
DOTNUM	测线坐标数	G	
WTDDAE	测线长度	N(8,2)	
WTDDAD	测线类型	C(3)	
WTDDAI	测线方位角	C(16)	
WTDDAK	测线起始桩号	C(20)	
WTDDAL	测线终止桩号	C(20)	
GCSJ	观测数据	G	
WJWZ	原始记录文件位置	C(100)	
WJMC	原始记录文件名称	C(50)	
PKIIZ	备注	C(200)	

表 D.5－51　测井测点数据表(表名:D510_CD)

字段代码	字段名称	类型及长度	说明
PKIAA	测点索引编号	N(10)	
CDBH	测点编号	C(20)	
CDMC	测点名称	C(40)	
TKCAF	东坐标	N(11,3)	
TKCAG	北坐标	N(11,3)	
CDGC	测点高程	N(8,2)	
CDSD	测点深度	N(8,2)	
CDLX	测点类型	C(3)	
KTFF	勘探方法	C(1)	
GCSJ	观测数据	G	
WJWZ	原始记录文件位置	C(100)	
WJMC	原始记录文件名称	C(100)	
PKIIZ	备注	C(200)	

表 D.5－52　电测井数据表(表名:D510_DCJ)

字段代码	字段名称	类型及长度	说明
PKIAA	索引编号	N(10)	
CJBH	测井编号	C(20)	
CJMC	测井名称	C(40)	
CJZBC	测井坐标串	G	
CJZBS	测井坐标数	G	
CJCD	测井长度	N(8,2)	
CJLX	测井类型	C(3)	
KTFF	勘探方法	C(1)	

续表

字段代码	字段名称	类型及长度	说明
DJX	电极系	C(1)	
DJJ	电极距	N(8,2)	
CEJJ	测点间距	N(8,2)	
ZZXS	装置系数	N(8,2)	
GCSJ	观测数据	G	
WJWZ	原始记录文件位置	C(100)	
WJMC	原始记录文件名称	C(50)	
JLGS	记录格式	C(2)	
PKIIZ	备注	C(200)	

表 D.5－53　弹性波测井数据表(表名:D510_DXBCJ)

字段代码	字段名称	类型及长度	说明
PKIAA	测井索引编号	N(10)	
CJBH	测井编号	C(20)	
CJMC	测井名称	C(40)	
TKCAF	东坐标	N(12,2)	
TKCAG	北坐标	N(11,2)	
CJSD	测井深度	N(8,2)	
CJCD	测井长度	N(8,2)	
CJLX	测井类型	C(3)	
KTFF	勘探方法	C(1)	
CDJJ	测点间距	N(8,2)	
GCSJ	观测数据	G	
GCZZ	观测装置	C(60)	
WJWZ	原始记录文件位置	C(100)	
WJMC	原始记录文件名称	C(50)	
JLGS	记录格式	C(1)	
PKIIZ	备注	C(200)	

表 D.5－54　电磁波测井数据表(表名:D510_DCBCJ)

字段代码	字段名称	类型及长度	说明
PKIAA	测井索引编号	N(10)	
CJBH	测井编号	C(20)	
CJMC	测井名称	C(40)	
TKCAF	东坐标	N(12,2)	
TKCAG	北坐标	N(11,2)	
CJSD	测井深度	N(8,2)	

续表

字段代码	字段名称	类型及长度	说明
CJCD	测井长度	N(8,2)	
CJLX	测井类型	C(3)	
KTFF	勘探方法	C(1)	
CDJJ	测点间距	N(8,2)	
GCSJ	观测数据	G	
GCZZ	观测装置	C(60)	
WJWZ	原始记录文件位置	C(100)	
WJMC	原始记录文件名称	C(50)	
JLGS	记录格式	C(1)	
PKIIZ	备注	C(200)	

表 D.5－55 磁测井数据表(表名:D510_CCJ)

字段代码	字段名称	类型及长度	说明
PKIAA	测井索引编号	N(10)	
CJBH	测井编号	C(20)	
CJMC	测井名称	C(40)	
TKCAF	东坐标	N(12,2)	
TKCAG	北坐标	N(11,2)	
CJSD	测井深度	N(8,2)	
CJCD	测井长度	N(8,2)	
CJLX	测井类型	C(3)	
KTFF	勘探方法	C(1)	
CDJJ	测点间距	N(8,2)	
GCSJ	观测数据	G	
WJWZ	原始记录文件位置	C(100)	
WJMC	原始记录文件名称	C(50)	
JLGS	记录格式	C(1)	
PKIIZ	备注	C(200)	

表 D.5－56 井间层析成像数据表(表名:D510_JJCXCX)

该表与表 D505_TSBF 相同。

表 D.5－57 放射性测井数据表(表名:D510_FSXCJ)

字段代码	字段名称	类型及长度	说明
PKIAA	测井索引编号	N(10)	
CJBH	测井编号	C(20)	
CJMC	测井名称	C(40)	
CJHZB	测井横坐标	N(12,2)	

续表

字段代码	字段名称	类型及长度	说明
CJZZB	测井纵坐标	N(11,2)	
CJSD	测井深度	N(8,2)	
CJCD	测井长度	N(8,2)	
CJLX	测井类型	C(3)	
KTFF	勘探方法	C(2)	
CDJJ	测点间距	N(8,2)	
GCSJ	观测数据	G	
WJWZ	原始记录文件位置	C(100)	
WJMC	原始记录文件名称	C(50)	
JLGS	记录格式	C(1)	
PKIIZ	备注	C(200)	

表 D.5－58　钻孔全景光学成像数据表(表名:D510_ZKQJGXCX)

字段代码	字段名称	类型及长度	说明
PKIAA	测井索引编号	N(10)	
CJBH	测井编号	C(20)	
CJMC	测井名称	C(40)	
CJHZB	测井横坐标	N(12,2)	
CJZZB	测井纵坐标	N(11,2)	
CJSD	测井深度	N(8,2)	
CJCD	测井长度	N(8,2)	
CJLX	测井类型	C(3)	
KTFF	勘探方法	C(2)	
CDJJ	测点间距	N(8,2)	
GCSJ	观测数据	G	
WJWZ	原始记录文件位置	C(100)	
WJMC	原始记录文件名称	C(50)	
JLGS	记录格式	C(1)	
PKIIZ	备注	C(200)	

表 D.5－59　超声成像测井数据表(表名:D510_CSCXCJ)

字段代码	字段名称	类型及长度	说明
PKIAA	测井索引编号	N(10)	
CJBH	测井编号	C(20)	
CJMC	测井名称	C(40)	
CJHZB	测井横坐标	N(12,2)	
CJZZB	测井纵坐标	N(11,2)	

续表

字段代码	字段名称	类型及长度	说明
CJSD	测井深度	N(8,2)	
CJCD	测井长度	N(8,2)	
CJLX	测井类型	C(3)	
KTFF	勘探方法	C(2)	
CDJJ	测点间距	N(8,2)	
GCZZ	观测装置	C(60)	
GCSJ	观测数据	G	
WJWZ	原始记录文件位置	C(100)	
WJMC	原始记录文件名称	C(50)	
JLGS	记录格式	C(1)	
PKIIZ	备注	C(200)	

表 D.5－60　管波探测法数据表(表名:D510_GBTCF)

该表与表 D510_CSCXCJ 相同。

D.6　地球化学勘探数据表

表 D.6－1　地表水地球化学采样信息(表名:D601_DBSCY)

字段代码	字段名称	类型及长度	说明
CHFCAC	图元编号	N(9)	
HTSXINX	采样索引号	N(9,0)	
YPH	样品号	C(12)	
CHAHNV	原始样号	C(12)	
CHAMAC	图幅编号	C(12)	
TKBEAL	采样日期	C(8)	
QDAEC	采样者	C(12)	
TKCAF	东坐标	N(11,3)	
TKCAG	北坐标	N(11,3)	
HTDEM	高程	N(11,3)	
HTBSTP	类型	N(1,0)	
HTBSWZ	水位	N(1,0)	
HTBSMS	水位埋深	N(11,3)	
HTBSWD	水温	N(11,3)	单位:℃
HTBSYS	水色	N(1,0)	
HTBSSX	水臭	N(1,0)	
HTBSZD	浊度	N(1,0)	
HTBSDJ	底积物	N(1,0)	

续表

字段代码	字段名称	类型及长度	说明
HTBSJS	井底深度	N(11,3)	
HTBSWR	污染	N(1,0)	
HTPHV	pH 值	N(11,3)	
HTSITE	位置	N(1,0)	
HTBSYT	用途	N(1,0)	
HTMARK	标记	C(254)	
HTBSYP	预处理方法	C(254)	
PKIIZ	备注	C(254)	

表 D.6－2　地表水地球化学分析数据(表名:D601_DBSFX)

字段代码	字段名称	类型及长度	说明
CHFCAC	分析索引号	N(9)	
HTSXINX	送样样号	C(9)	
YPH	送样批次编号	C(12)	
CHAMAC	图幅编号	C(12)	
TKCAF	东坐标	N(11,3)	
TKCAG	北坐标	N(11,3)	
HTDEM	水化学类型	N(11,3)	
ZAl	Al	N(11,3)	
ZAs	As	N(11,3)	
ZBa	Ba	N(11,3)	
ZBe	Be	N(11,3)	
ZCa	Ca	N(11,3)	
ZCd	Cd	N(11,3)	
ZCl	Cl	N(11,3)	
ZCo	Co	N(11,3)	
ZCr	Cr	N(11,3)	
ZCu	Cu	N(11,3)	
ZF	F	N(11,3)	
ZFe	Fe	N(11,3)	
ZHg	Hg	N(11,3)	
ZMn	Mn	N(11,3)	
ZMo	Mo	N(11,3)	
ZN	N	N(11,3)	
ZNa	Na	N(11,3)	
ZNi	Ni	N(11,3)	

续表

字段代码	字段名称	类型及长度	说明
ZP	P	N(11,3)	
ZPb	Pb	N(11,3)	
ZSe	Se	N(11,3)	
ZSn	Sn	N(11,3)	
ZSr	Sr	N(11,3)	
ZTi	Ti	N(11,3)	
ZV	V	N(11,3)	
ZZn	Zn	N(11,3)	
ZCr6p	Cr^{6+}	N(11,3)	
ZCNm	CN^-	N(11,3)	
$ZHCO_3m$	HCO_3^-	N(11,3)	
ZNO_3m	NO_3^-	N(11,3)	
ZNO_2m	NO_2^-	N(11,3)	
Zim	I^-	N(11,3)	
ZSO_4^2m	SO_4^{2-}	N(11,3)	
ZCODmMn	高锰酸盐指数	N(11,3)	
ZArOH	酚	N(11,3)	
TDS	溶解性总固体	N(11,3)	
HTKHD	矿化度	N(11,3)	
zpH	pH 值	N(11,3)	
PKIIZ	备注	N(11,3)	

表 D.6-3　浅层地下水地球化学采样信息(表名:D601_QCDXSCY)

该表与表 D601_DBSCY 相同。

表 D.6-4　浅层地下水地球化学分析数据(表名:D601_QCDXSFX)

该表与表 D601_DBSFX 相同。

表 D.6-5　表层土壤地球化学采样信息(表名:D602_BCTRCY)

字段代码	字段名称	类型及长度	说明
CHFCAC	图元编号	N(9)	
HTSXINX	采样索引号	N(9)	
YPH	样品号	C(12)	
CHAHNV	原始样号	C(12)	
CHAMAC	图幅编号	C(12)	
TKBEAL	采样日期	C(8)	
QDAEC	采样者	C(12)	
TKCAF	东坐标	N(11,3)	

续表

字段代码	字段名称	类型及长度	说明
TKCAG	北坐标	N(11,3)	
HTDEM	高程	N(11,3)	单位:m
HTDDEP	取样深度	N(11,3)	单位:cm
HTCYCW	采样层位	N(1,0)	
HTMZFYX	粗砂含量	N(1,0)	
HTMZFXS	细砂含量	N(1,0)	
HTBZFLT	粘土含量	N(1,0)	
HTTRYS	颜色	N(1,0)	
HTTRWR	污染	N(1,0)	
HTTRQS	侵蚀	N(1,0)	
HTTRYJ	盐渍	N(1,0)	
HTTRCY	土壤成因类型	C(2)	
YRTP	熔岩类型	N(1,0)	
HTTRLZ	农作物种类	C(254)	
HTTRYZE	养植物种类	C(254)	
HTTRYT	名优特产品	C(254)	
HTMARK	标记位置	C(254)	
HTBSYP	样品袋号	C(12)	
PKIIZ	备注	C(254)	

表 D.6－6　表层土壤组合样信息(表名:D602_BCTRZH)

字段代码	字段名称	类型及长度	说明
PKIAA	组合样索引号	N(9)	
HTZHYH	组合样号	C(12)	
HTZHNUM	组合样数	N(1,0)	
HTYPXZ	样品性质	N(1,0)	
PKIIZ	备注	C(254)	

表 D.6－7　表层土壤全量元素分析数据(表名:D602_BCTQLFX)

字段代码	字段名称	类型及长度	说明
PKIAA	分析索引号	N(9)	
YPH	样品号	C(9)	
TKCAF	东坐标	N(11,3)	
TKCAG	北坐标	N(11,3)	
HTDEM	样品介质类型	N(1)	
SPPMBH	水平剖面号	C(12)	

续表

字段代码	字段名称	类型及长度	说明
CXPMBH	土壤垂向剖面编号	C(12)	
HTMDDEP	取样深度	N(11,3)	
CJZQSSD	取样起始深度	N(11,3)	
CZZZZSD	取样截至深度	N(11,3)	
CHAHNV	对应农作物样号	C(12)	
ZAg	Ag	N(11,3)	
ZAs	As	N(11,3)	
ZAu	Au	N(11,3)	
ZB	B	N(11,3)	
ZBa	Ba	N(11,3)	
ZBe	Be	N(11,3)	
ZBi	Bi	N(11,3)	
ZBr	Br	N(11,3)	
ZCd	Cd	N(11,3)	
ZCe	Ce	N(11,3)	
ZCl	Cl	N(11,3)	
ZCo	Co	N(11,3)	
ZCr	Cr	N(11,3)	
ZCu	Cu	N(11,3)	
ZF	F	N(11,3)	
ZGa	Ga	N(11,3)	
ZGe	Ge	N(11,3)	
ZHg	Hg	N(11,3)	
ZI	I	N(11,3)	
ZLa	La	N(11,3)	
ZLi	Li	N(11,3)	
ZMn	Mn	N(11,3)	
ZMo	Mo	N(11,3)	
ZN	N	N(11,3)	
ZNb	Nb	N(11,3)	
ZNi	Ni	N(11,3)	
ZP	P	N(11,3)	
ZPb	Pb	N(11,3)	

字段代码	字段名称	类型及长度	说明
ZRb	Rb	N(11,3)	
ZS	S	N(11,3)	
ZSb	Sb	N(11,3)	
ZSc	Sc	N(11,3)	
ZSe	Se	N(11,3)	
ZSn	Sn	N(11,3)	
ZSr	Sr	N(11,3)	
ZTh	Th	N(11,3)	
ZTi	Ti	N(11,3)	
ZTl	Tl	N(11,3)	
ZU	U	N(11,3)	
ZV	V	N(11,3)	
ZW	W	N(11,3)	
ZY	Y	N(11,3)	
ZZn	Zn	N(11,3)	
ZZr	Zr	N(11,3)	
ZSiO2	SiO_2	N(11,3)	
ZAl2O3	AL_2O_3	N(11,3)	
ZTFe2O3	TFe_2O_3	N(11,3)	
ZMgO	MgO	N(11,3)	
ZCaO	CaO	N(11,3)	
ZNa2O	Na_2O	N(11,3)	
ZK2O	K_2O	N(11,3)	
ZpH	pH 值	N(11,3)	
ZTC	总碳	N(11,3)	
Corg	有机碳	N(11,3)	
CEC	阳离子交换	N(11,3)	
Org	有机质	N(11,3)	
PKIIZ	备注	C(254)	

表 D.6－8　表层土壤有效态元素分析数据(表名:D602_BCTYXTFX)

字段代码	字段名称	类型及长度	说明
PKIAA	分析索引号	N(9)	
YPH	样品号	C(9)	

续表

字段代码	字段名称	类型及长度	说明
TKCAF	东坐标	N(11,3)	
TKCAG	北坐标	N(11,3)	
HTDEM	样品介质类型	N(1,0)	
SPPMBH	水平剖面号	C(12)	
CXPMBH	土壤垂向剖面编号	C(12)	
HTMDDEP	取样深度	N(11,3)	
CJZQSSD	取样起始深度	N(11,3)	
CZZZZSD	取样截至深度	N(11,3)	
CHAHNV	对应农作物样号	C(12)	
N2	硝态氮	N(11,3)	
N3	碱解氮	N(11,3)	
SXP	有效磷	N(11,3)	
SXK	速效钾	N(11,3)	
HXK	缓效钾	N(11,3)	
JHK	交换性钾	N(11,3)	
JHNa	交换性钠	N(11,3)	
JHCa	交换性钙	N(11,3)	
YXS	有效硫	N(11,3)	
YXSi	有效硅	N(11,3)	
YXFe	有效铁	N(11,3)	
YXB	有效硼	N(11,3)	
YXMo	有效钼	N(11,3)	
YXCu	有效铜	N(11,3)	
YXZn	有效锌	N(11,3)	
YXMg	有效镁	N(11,3)	
YXCa	有效钙	N(11,3)	
HYMn	易还原锰	N(11,3)	
JHMn	交换性锰	N(11,3)	
HXMn	活性锰	N(11,3)	
JTPb	浸提性铅	N(11,3)	
JTCo	浸提性钴	N(11,3)	
BS	饱和盐基总	N(11,3)	
PKIIZ	备注	C(254)	

表 D.6-9　表层土壤有机污染物分析数据(表名:D602_BCTYJWRFX)

字段代码	字段名称	类型及长度	说明
PKIAA	分析索引号	N(9)	
YPH	样品号	C(9)	
TKCAF	东坐标	N(11,3)	
TKCAG	北坐标	N(11,3)	
HTDEM	样品介质类型	N(1,0)	
SPPMBH	水平剖面号	C(12)	
CXPMBH	土壤垂向剖面编号	C(12)	
HTMDDEP	取样深度	N(11,3)	
CJZQSSD	取样起始深度	N(11,3)	
CZZZZSD	取样截至深度	N(11,3)	
CHAHNV	对应农作物样号	C(12)	
R666	γ-六六六	N(11,3)	
B666	β-六六六	N(11,3)	
D666	δ-六六六	N(11,3)	
T666	总六六六	N(11,3)	
PPDDE	PP′-DDE	N(11,3)	
OPDDT	OP′-DDT	N(11,3)	
PPDDD	PP′-DDD	N(11,3)	
PPDDT	PP′-DDT	N(11,3)	
TDDT	总 DDT	N(11,3)	
Chlordane	氯丹	N(11,3)	
Aldrin	艾氏剂	N(11,3)	
Heptachlor	七氯	N(11,3)	
Dieldrin	狄氏剂	N(11,3)	
Endrin	异狄氏剂	N(11,3)	
PCBs	多氯联苯	N(11,3)	
VHB	挥发性总酚	N(11,3)	
CN	氰化物	N(11,3)	
CHHg	甲基汞	N(11,3)	
PbR	烷基铅	N(11,3)	
BenaPyr	苯并[α]芘	N(11,3)	
PKIIZ	备注	C(254)	

表 D.6-10　表层土壤形态分析数据(表名:D602_BCTXTFX)

字段代码	字段名称	类型及长度	说明
PKIAA	分析索引号	N(9)	

字段代码	字段名称	类型及长度	说明
YPH	样品号	C(9)	
TKCAF	东坐标	N(11,3)	
TKCAG	北坐标	N(11,3)	
HTDEM	样品介质类型	N(1)	
SPPMBH	水平剖面号	C(12)	
CXPMBH	土壤垂向剖面编号	C(12)	
HTMDDEP	取样深度	N(11,3)	
CJZQSSD	取样起始深度	N(11,3)	
CZZZZSD	取样截至深度	N(11,3)	
CHAHNV	对应农作物样号	C(12)	
FWs	水溶氟	N(11,3)	
AsWs	水溶态砷	N(11,3)	
AsEx	离子可交换态砷	N(11,3)	
AsCa	碳酸盐结合态砷	N(11,3)	
AsFeMn	铁锰氧化态砷	N(11,3)	
AsWo	弱有机结合态砷	N(11,3)	
AsSo	强有机结合态砷	N(11,3)	
AsRe	残渣态砷	N(11,3)	
CdWs	水溶态镉	N(11,3)	
CdEx	离子可交换态镉	N(11,3)	
CdCa	碳酸盐结合态镉	N(11,3)	
CdFeMn	铁锰氧化态镉	N(11,3)	
CdWo	弱有机结合态镉	N(11,3)	
CdSo	强有机结合态镉	N(11,3)	
CdRe	残渣态镉	N(11,3)	
CrWs	水溶态铬	N(11,3)	
CrEx	离子可交换态铬	N(11,3)	
CrCa	碳酸盐结合态铬	N(11,3)	
CrFeMn	铁锰氧化态铬	N(11,3)	
CrWo	弱有机结合态铬	N(11,3)	
CrSo	强有机结合态铬	N(11,3)	
Crre	残渣态铬	N(11,3)	
HgWs	水溶态汞	N(11,3)	
HgEx	离子可交换态汞	N(11,3)	
HgCa	碳酸盐结合态汞	N(11,3)	
HgFeMn	铁锰氧化态汞	N(11,3)	

续表

字段代码	字段名称	类型及长度	说明
HgWo	弱有机结合态汞	N(11,3)	
HgSo	强有机结合态汞	N(11,3)	
HgRe	残渣态汞	N(11,3)	
PbWs	水溶态铅	N(11,3)	
PbEx	离子可交换态铅	N(11,3)	
PbCa	碳酸盐结合态铅	N(11,3)	
PbFeMn	铁锰氧化态铅	N(11,3)	
PbWo	弱有机结合态铅	N(11,3)	
PbSo	强有机结合态铅	N(11,3)	
PbRe	残渣态铅	N(11,3)	
NiWs	水溶态镍	N(11,3)	
NiEx	离子可交换态镍	N(11,3)	
NiCa	碳酸盐结合态镍	N(11,3)	
NiFeMn	铁锰氧化态镍	N(11,3)	
NiWo	弱有机结合态镍	N(11,3)	
NiSo	强有机结合态镍	N(11,3)	
NiRe	残渣态镍	N(11,3)	
CuWs	水溶态铜	N(11,3)	
CuEx	离子可交换态铜	N(11,3)	
CuCa	碳酸盐结合态铜	N(11,3)	
CuFeMn	铁锰氧化态铜	N(11,3)	
CuWo	弱有机结合态铜	N(11,3)	
CuSo	强有机结合态铜	N(11,3)	
CuRe	残渣态铜	N(11,3)	
ZnWs	水溶态锌	N(11,3)	
ZnEx	离子可交换态锌	N(11,3)	
ZnCa	碳酸盐结合态锌	N(11,3)	
ZnFeMn	铁锰氧化态锌	N(11,3)	
ZnWo	弱有机结合态锌	N(11,3)	
ZnSo	强有机结合态锌	N(11,3)	
ZnRe	残渣态锌	N(11,3)	
PKIIZ	备注	C(254)	

表 D.6－11　深层土壤地球化学采样信息(表名:D602_SCTCY)

该表与表 D602_BCTRCY 相同。

表 D.6－12　深层土壤组合样信息(表名:D602_SCTZHY)

该表与表 D602_BCTRZH 相同。

表 D.6－13 深层土壤全量元素分析数据(表名:D602_SCTQLFX)

该表与表 D602_BCTQLFX 相同。

表 D.6－14 深层土壤有效态元素分析数据(表名:D602_SCTYXTFX)

该表与表 D602_BCTYXTFX 相同。

表 D.6－15 深层土壤有机污染物分析数据(表名:D602_SCTYJWRFX)

该表与表 D602_BCTYJWRFX 相同。

表 D.6－16 深层土壤形态分析数据(表名:D602_SCTXTFX)

该表与表 D602_BCTXTFX 相同。

表 D.6－17 土壤剖面采样信息(表名:D602_TRPMCY)

字段代码	字段名称	类型及长度	说明
HTSXINX	采样索引号	N(9)	采样索引号作为一个工区采样的唯一标识,通过采集系统自动生成
CXPMBH	土壤剖面编号	C(12)	土壤垂向剖面编号
CHAMAC	图幅编号	C(10)	根据调查比例尺,填写采样点所在的对应比例尺图幅编号,参照 GB/T 13989
YPH	样品号	C(30)	即采样点的编号,在本工作区数据表中唯一
CHAHNV	原始样号	C(12)	重复采样点的原编号
QDAEC	采样者	C(20)	采样者或记录者姓名
QDAES	审核人	C(20)	采样审核者姓名
TKBEAL	采样日期	T	样品采集日期
GNSS	GNSS 点号	C(20)	记录 GNSS
TKCAF	东坐标	N(11,3)	
TKCAG	北坐标	N(11,3)	
HTYPNO	样品袋号	C12	样品袋编号
CJZQSSD	取样起始深度	N(11,3)	记录采样样品地表以下取样起始深度
CJZZZSD	取样截至深度	N(11,3)	记录采样样品地表以下取样截至深度
HTTRYS	颜色	C(20)	样品颜色,汉字填写
HTTRZD	质地(手测)	N(1)	土壤中不同大小直径的矿物颗粒的组合状况,分为砂土、壤土、粘土或其他。
HTTRCY	土壤类型	C(8)	土壤类型,按 GB/T 17296
HTTRMZ	成土母质	C(2)	
HTTRLY	土地利用现状	N(3)	采样点附近土地利用情况,编码参照 GB/T 21010
HTDMLX	地貌类型	C(2)	

字段代码	字段名称	类型及长度	说明
HTTR	盐渍化	C(3)	采样点附近的盐渍情况。代码填写。编码为:0—无;1—有
ZZZD	典型种植制度	C(80)	一个地区或生产单位作物种植的结构、配置、熟制与种植方式的总体
GGFS	灌溉方式	N(1)	灌溉水湿润土壤的方式。为:1—畦灌;2—沟灌;3—淹灌
HTMARK	地理位置	C(254)	记录土壤采样点所在地理行政区的详细位置。如**省*县**乡**村
HTTRWR	人为污染	N(1)	外来物质对土壤的可能污染程度。代码填写,编码为:0—无;1—可能;2—轻
HTTRQS	侵蚀程度	N(1)	采样点附近水土流失及剥蚀情况。编码为:0—无;1—有
HTSFQK	施肥情况	C(254)	记录采样点所在地块本年度有机肥与化肥施用种类、数量、次数等信息
HTZPSY	照片索引号	C(100)	采样点照片索引号。多个照片时逗号隔开
PKIIZ	备注	C(254)	其他重要说明信息

表 D.6-18　土壤剖面样品分析数据(表名:D602_TYPMYPFX)

该表与表 D602_BCTQLFX 相同。

表 D.6　19　表层湖积物地球化学采样信息(表名:D603_BCHJWCY)

字段代码	字段名称	类型及长度	说明
CHFCAC	图元编号	N(9)	
HTSXINX	采样索引号	N(9)	
YPH	样品号	C(12)	
CHAHNV	原始样号	C(12)	
CHAMAC	图幅编号	C(12)	
TKBEAL	采样日期	T	
QDAEC	采样者	C(12)	
TKCAF	东坐标	N(11,3)	
TKCAG	北坐标	N(11,3)	
HTDEM	高程	N(11,3)	
HTWDEP	水深	N(11,3)	
HTDM	地貌	N(1)	
HTMDDEP	取样深度	N(11,3)	

续表

字段代码	字段名称	类型及长度	说明
HTMZFYX	粗砂含量	N(11,3)	单位:℃
HTMZFXS	细砂含量	N(1)	
HTMZFLT	粘土含量	N(1)	
HTMDC1	地表颜色	N(1)	
HTMDC2	样品颜色	N(1)	
HTSWCH	生物残骸	N(1)	
HT	污染	N(1)	
HTYPNO	样品袋号	N(11,3)	
PKIIZ	备注	C(254)	

表 D.6－20　表层湖积物地球化学分析数据(表名:D603_BCHJWFX)

字段代码	字段名称	类型及长度	说明
PKIAA	分析索引号	N(9)	
HTSYYH	送样样号	C(12)	
HTSYBC	送样批次号	C(12)	
CHAMAU	图幅号	C(12)	
TKCAF	东坐标	N(11,3)	
TKCAG	北坐标	N(11,3)	
HSL	含水率	N(11,3)	
ZAg	Ag	N(11,3)	
ZAs	As	N(11,3)	
ZAu	Au	N(11,3)	
ZB	B	N(11,3)	
ZBa	Ba	N(11,3)	
ZBe	Be	N(11,3)	
ZBi	Bi	N(11,3)	
ZBr	Br	N(11,3)	
ZCd	Cd	N(11,3)	
ZCe	Ce	N(11,3)	
ZCl	Cl	N(11,3)	
ZCo	Co	N(11,3)	
ZCr	Cr	N(11,3)	
ZCu	Cu	N(11,3)	
ZF	F	N(11,3)	

续表

字段代码	字段名称	类型及长度	说明
ZGa	Ga	N(11,3)	
ZGe	Ge	N(11,3)	
ZHg	Hg	N(11,3)	
ZI	I	N(11,3)	
ZLa	La	N(11,3)	
ZLi	Li	N(11,3)	
ZMn	Mn	N(11,3)	
ZMo	Mo	N(11,3)	
ZN	N	N(11,3)	
ZNb	Nb	N(11,3)	
ZNi	Ni	N(11,3)	
ZP	P	N(11,3)	
ZPb	Pb	N(11,3)	
ZRb	Rb	N(11,3)	
ZS	S	N(11,3)	
ZSb	Sb	N(11,3)	
ZSc	Sc	N(11,3)	
ZSe	Se	N(11,3)	
ZSn	Sn	N(11,3)	
ZSr	Sr	N(11,3)	
ZTh	Th	N(11,3)	
ZTi	Ti	N(11,3)	
ZTl	Tl	N(11,3)	
ZU	U	N(11,3)	
ZV	V	N(11,3)	
ZW	W	N(11,3)	
ZY	Y	N(11,3)	
ZZn	Zn	N(11,3)	
ZZr	Zr	N(11,3)	
ZSiO2	SiO_2	N(11,3)	
ZAL2O3	AL_2O_3	N(11,3)	
ZTFe2O3	TFe_2O_3	N(11,3)	
ZMgO	MgO	N(11,3)	

字段代码	字段名称	类型及长度	说明
ZCaO	CaO	N(11,3)	
ZNa2O	Na_2O	N(11,3)	
ZK2O	K_2O	N(11,3)	
ZpH	pH 值	N(11,3)	
TC	总碳	N(11,3)	
Corg	有机碳	N(11,3)	
CEC	阳离子交换	N(11,3)	
Org	有机质	N(11,3)	
PKIIZ	备注	C(254)	

表 D.6－21　深层湖积物地球化学采样信息(表名:D603_SCHJWCY)

该表与表 D603__BCHJWCY 相同。

表 D.6－22　深层湖积物地球化学分析数据(表名:D603_SCHJWFX)

该表与表 D603_BCHJWFX 相同。

表 D.6－23　近岸海域表层地球化学采样信息(表名:D603_HYBCCY)

该表与表 D603__BCHJWCY 相同。

表 D.6－24　近岸海域表层地球化学分析数据(表名:D603_HYBCFX)

该表与表 D603_BCHJWFX 相同。

表 D.6－25　近岸海域深层地球化学采样信息(表名:D603_HYSCCY)

该表与表 D603__BCHJWCY 相同。

表 D.6－26　近岸海域深层地球化学分析数据(表名:D603_HYSCFX)

该表与表 D603_BCHJWFX 相同。

表 D.6－27　柱状样采样信息(表名:D603_ZZYCY)

该表与表 D603__BCHJWCY 相同。

表 D.6－28　柱状样地球化学分析数据(表名:D603_ZZYFX)

该表与表 D603_BCHJWFX 相同。

表 D.6－29　植物地球化学采样信息(表名:D604_ZWCY)

字段代码	字段名称	类型及长度	说明
HTSXINX	采样索引号	N(9)	采样索引号作为一个工区采样的唯一标识,通过采集系统自动生成
CHAMAC	图幅编号	C(10)	根据调查比例尺,填写采样点所在的对应比例尺图幅编号,参照 GB/T 13989
YPH	样品号	C(30)	即采样点的编号,在本工作区数据表中唯一
CHAHNV	对应根系土样号	C(20)	采集的农作物样品对应根系土样号

续表

字段代码	字段名称	类型及长度	说明
QDAEC	采样者	C(20)	采样者或记录者姓名
QDAES	审核人	C(20)	采样审核者姓名
TKBEAL	采样日期	C(8)	样品采集日期
GNSS	GNSS	C(20)	记录 GNSS
TKCAF	东坐标	N(11,3)	
TKCAG	北坐标	N(11,3)	
HTDEM	高程	N(11,3)	记录采样点高程
HTYPNO	样品袋号	C(20)	样品袋编号
HTZWLX	农作物类型	C(3)	采集的植物类型。代码填写,编码为:1—粮食作物;2—瓜果蔬菜;3—经济
HTZWMC	农作物名称	C(20)	采集的具体植物的中文名称,如小麦、玉米、大豆、青椒、茄子等
HTZWBW	采集部位	N(1)	采集植物的部位,编码如下:1—根;2—皮;3—干/茎;4—叶;5—植株
NZWCL	农作物测产	C(254)	自测与访问的农作物年产量描述
HTTRCY	土壤类型	C(8)	土壤类型。按 GB/T 17296 填写
HTTRMZ	成土母质	C(2)	
HTTRLY	土地利用现状	N(3)	采样点附近土地利用情况。编码参照 GB/T 21010—2007
HTDMLX	地貌类型	C(2)	
HTTR	盐渍化	C(3)	采样点附近的盐渍情况。代码填写。编码为:0—无;1—有
ZZZD	典型种植制度	C(80)	一个地区或生产单位作物种植的结构、配置、熟制与种植方式的总体。
GGFS	灌溉方式	N(1)	灌溉水湿润土壤的方式。代码填写,编码为:1—畦灌;2—沟灌;3—淹灌
HTMARK	地理位置	C(254)	记录土壤采样点所在地理行政区的详细位置。如 ** 省 * 县 ** 乡 ** 村
HTTRWR	人为污染	N(1)	外来物质对土壤的可能污染程度。代码填写,编码为:0—无;1—可能;2—有
HTTRQS	侵蚀程度	N(1)	采样点附近水土流失及剥蚀情况。编码为:0—无;1—轻度;2—中等;3—严重
HTSFQK	施肥情况	C(254)	记录采样点所在地块本年度有机肥与化肥施用种类、数量、次数等信息
HTZPSY	照片索引号	C(100)	采样点照片索引号。多个照片时逗号隔开
PKIIZ	备注	C(254)	附近采集其他作物情况记录等

表 D.6-30　植物地球化学分析数据(表名:D604_ZWFX)

该表与表 D602_BCTQLFX 相同。

表 D.6－31 动物地球化学采样信息(表名:D605_DWCY)

字段代码	字段名称	类型及长度	说明
HTSXINX	采样索引号	N(9)	采样索引号作为一个工区采样的唯一标识,通过采集系统自动生成
CHAMAC	图幅编号	C(10)	根据调查比例尺,填写采样点所在的对应比例尺图幅编号,参照 GB/T 13989
YPH	样品号	C(30)	即采样点的编号,在本工作区数据表中唯一
HTYZLX	动物类型	C(20)	填写采集的动物类型,编码如下:1—人类;2—陆地动物;3—海洋动物;4—飞行动物
QDAEC	采样者	C(20)	采样者或记录者姓名
QDAES	审核人	C(20)	采样审核者姓名
TKBEAL	采样日期	C(8)	样品采集日期
GNSS	点号	C(20)	
TKCAF	东坐标	N(11,3)	
TKCAG	北坐标	N(11,3)	
HTYZGM	动物名称	N(11,3)	填写动物的中文名称
HTDEM	高程	N(11,3)	记录采样点高程
HTMARK	地理位置	C(20)	记录土壤采样点所在地理行政区的详细位置,如**省*县**乡**村
HTZPSY	照片索引号	C(20)	采样点照片索引号。多个照片时逗号隔开
PKIIZ	备注	C(254)	其他重要说明信息

表 D.6－32 动物地球化学分析数据(表名:D605_DWFX)

该表与 D602_BCTQLFX 相同。

表 D.6－33 大气干湿沉降采样信息(表名:D606_DQCY)

字段代码	字段名称	类型及长度	说明
HTSXINX	采样索引号	N(9)	采样索引号作为一个工区采样的唯一标识,通过采集系统自动生成
CHAMAC	图幅编号	C(10)	根据调查比例尺,填写采样点所在的对应比例尺图幅编号,参照 GB/T 13989
YPH	样品号	C(30)	即采样点的编号,在本工作区数据表中唯一
QDAEC	采样者	C(20)	采样者或记录者姓名
QDAES	审核人	C(20)	采样者或记录者姓名
TKBEALS	采样起始日期	C(8)	样品采集起始日期
TKBEALZ	采样终止日期	C(8)	样品采集终止日期
GNSS	GNSS 点号	N(9)	
TKCAF	东坐标	N(11,3)	

续表

字段代码	字段名称	类型及长度	说明
TKCAG	北坐标	N(11,3)	
HTJCLX	沉降物类型	N(1)	大气干(湿)沉降物物类型,代码填写。编码为:1—干沉降物;2—湿沉降物
HTLMKJ	滤膜孔径	N(11,3)	过滤样品的滤膜孔径
HTJCGD	离地高度	N(11,3)	接尘缸放置离地面高度
HTJCHJ	周围环境	C(254)	描述采样点周围的位置、环境、有无污染源等
HTYPNO	积尘缸号	C(12)	接尘缸编号
HTYPAD	积尘缸口径	N(11,3)	接尘缸口径
HTJSQK	天气变化记录	C(100)	填写采样点在样品收集期间的降水等天气情况
HTZPSY	照片索引号	C(100)	采样点照片索引号。多个照片时逗号隔开
PKIIZ	备注	C(254)	其他重要说明信息

表 D.6-34　大气干湿沉降分析数据(表名:D606_DQFX)

该表与 D602_BCTQLFX 相同。

D.7　地质资源调查数据表

表 D.7-1　调查区基本情况(表名:D701_DCQ)

该表与表 D101_DCQ 相同。

表 D.7-2　调查路线基本情况(表名:D701_DCLX)

该表与表 D101_DCLX 相同。

表 D.7-3　调查点基本情况(表名:D701_DCD)

该表与表 D101_DCD 相同。

表 D.7-4　调查点内容描述(表名:D701_DCDMS)

该表与表 D101_DCDMS 相同。

表 D.7-5　钻孔基本情况(表名:D702_ENTITYINDEX)

该表与表 D102_ENTITYINDEX 相同。

表 D.7-6　地热地层标准分层(表名:D702_DR_BZDC)

字段代码	字段名称	类型及长度	说明
LAYERID	标准分层 ID	N(8)	
LAYERNO	地层代号	C(6)	
LAYERNAME	地层名称	C(32)	
DSAC	时代系	C(20)	

续表

字段代码	字段名称	类型及长度	说明
DSAD	时代统	C(20)	
YSPD	沉积相与岩性相	C(20)	
YXTZ	岩性特征描述	C(200)	

表 D.7－7　地热钻孔分层(表名:D702_DR_ZKDC)

字段代码	字段名称	类型及长度	说明
ENTITYID	钻孔 ID	N(10)	
TKALA	钻孔编号	C(16)	
LAYERID	标准分层 ID	N(8)	
LAYERNO	地层代号	C(6)	
LAYERNAME	地层名称	C(32)	
TOPDEPTH	顶板埋深	N(6,3)	单位：m
BTMDEP	底板埋深	N(6,3)	单位：m
YXTZ	岩性特征	C(200)	

表 D.7－8　热响应测试数据(表名:D703_RXY)

字段代码	字段名称	类型及长度	说明
ENTITYID	钻孔 ID	N(10)	
TKALA	钻孔编号	C(16)	
SAMPLETYPE	试验类型	C(200)	
SAMPLEWAY	试验方法	C(200)	
TYPE	测试类型	C(10)	
RCDTIME	测试时间	T	
INTEMP	进水温度	N(8,3)	单位：℃
OUTTEMP	出水温度	N(8,3)	单位：℃
FLOWRATE	流量	N(8,3)	单位：m^3/h
DIFFPRESSURE	压力	N(8,3)	单位：kPa
ENVIROMENTTEMP	环境温度	N(8,3)	单位：℃

表 D.7－9　原始地温测试数据(表名:D703_YSDW)

字段代码	字段名称	类型及长度	说明
ENTITYID	钻孔 ID	N(10)	
TKALA	钻孔编号	C(16)	
TEMPT	测试时间	T	
DEPTH	深度	N(8,2)	单位：m
TEMPERATURE	温度	N(8,2)	单位：℃

表 D.7-10 土工及热物性参数试验表(表名:D704_SOILTESTS)

字段代码	字段名称	类型及长度	说明
ENTITYID	钻孔 ID	N(10)	
TKALA	钻孔编号	C(16)	
SAMPLENO	土样号	C(8)	
DEPTH1	取土深度(上限)	N(8,3)	单位：m
DEPTH2	取土深度(下限)	N(8,3)	单位：m
SOILNAME	土样名称	C(50)	
KF40	>40 mm	N(4,1)	
KF20	KF20 40～20 mm	N(4,1)	
KF10	KF10 20～10 mm	N(4,1)	
KF5	KF5 10～5 mm	N(4,1)	
KF2	KF2 5～2 mm	N(4,1)	
KF1	KF1 2～1 mm	N(4,1)	
KF05	KF05 1～0.5 mm	N(4,1)	
KF025	KF025 0.5～0.25 mm	N(4,1)	
KF0075	KF0075 0.25～0.075 mm	N(4,1)	
KF005	KF005 0.075～0.05 mm	N(4,1)	
KF001	KF001 0.05～0.01 mm	N(4,1)	
KF0005	KF0005 0.01～0.005 mm	N(4,1)	
KF0002	KF0002<0.005 mm	N(4,1)	
ZCC	曲率系数	N(6,2)	
ZCU	不均匀系数	N(6,2)	
ZD60	界限粒径 D60	N(6,4)	
ZD30	中间粒径 D30	N(6,4)	
ZD10	有效粒径 D10	N(6,4)	
ZW	含水量	N(6,2)	
ZGAMMA	密度	N(6,2)	
ZGAMMAD	干密度	N(6,2)	
ZG	重度	N(6,2)	
ZSR	饱和度	N(6,2)	
ZE	孔隙比	N(6,2)	
ZN	孔隙率	N(6,2)	
ZWL	液限	N(6,2)	
ZWP	塑限	N(6,2)	
ZIP	塑性指数	N(6,2)	
ZIL	液性指数	N(6,2)	
ZLAMBDA	导热系数	N(6,3)	

续表

字段代码	字段名称	类型及长度	说明
ZCP	比热容	N(6,4)	
ZALPHA	热扩散系数	N(6,4)	

表 D.7－11　水质分析(表名:D704_SZFX)

该表与表 D204_SZFX 相同。

D.8　遥感地质调查数据表

表 D.8－1　航空遥感数据表(表名:D801_HKYG)

字段代码	字段名称	类型及长度	说明
PKIAA	统一编号	N(10)	
YGDBAA	数据类型	N(2)	按 DZ/T 0206 中 YGCA 项内容填写
CHCAAE	摄影航高	N(7,2)	指航摄时飞机飞行高度
YGHI	俯视角度	N(5,2)	相机俯视角度
CHCAAR	摄影时间	T	
PKIIZ	备注	C(255)	

表 D.8－2　航空遥感解译数据表(表名:D801_HKJY)

字段代码	字段名称	类型及长度	说明
PKIAA	统一编号	N(10)	
YGFC	解译方法	N(2)	
YGCA	图像类型	N(2)	
YGEB	解译地物类型	C(32)	
YGFB	主要解译标志	C(32)	
YGDAA	光学图像处理方法	C(128)	
YGDBB	数字图像处理方法	C(128)	
PKIIZ	备注	C(255)	

表 D.8－3　航天遥感数据表(表名:D802_HTYG)

字段代码	字段名称	类型及长度	说明
PKIAA	数据统一编号	N(10)	
YGBB	传感器类型	C(30)	
YGBBA	传感器类型代码	C(2)	
YGDBAD	数据记录格式	C(8)	
YGHD	图像波段数	N(5)	
YGHDA	行数	N(9)	
YGHDB	列数	N(9)	
YGDBAB	象元大小	N(5,2)	

字段代码	字段名称	类型及长度	说明
YGDBAA	数据类型	N(2)	
YGHK	成像时间	T	
YGHN	图像投影方式	C(32)	
PKIIZ	备注	C(255)	

表 D.8－4　航天遥感解译数据表(表名:D802_HTJY)

该表与表 D801_HKJY 相同。

D.9　地下水监测数据表

表 D.9－1　地下水监测基本信息(表名:J100_ENTITY_BASE)

字段代码	字段名称	类型及长度	说明
ENTITY_ID	设施 ID	N(10)	
ENTITY_TYPE	设施类型	C(12)	编码字段用来区分:开采回灌井、地下水位监测井、水质井、孔隙水监测孔等
TKALA	设施编号	C(16)	
PKIAA	统一编号	C(16)	
TKCAF	东坐标	N(11,3)	
TKCAG	北坐标	N(11,3)	
TOWN_AREA	城区域	C(16)	环内、环外
DISTRICT_NAME	区名	C(16)	
LOCATION_NAME	地名	C(32)	
TKALB	地址	C(512)	
PKIIN	归属单位	C(512)	
CONTACT_ID	联系人 ID	N(10)	
ENTITYID	关联钻孔 ID	N(10)	
AUTOMID	自动化标志	N(1)	

表 D.9－2　开采回灌井基本信息(表名:J101_PUMPING_WELL)

字段代码	字段名称	类型及长度	说明
ENTITY_ID	设施 ID	N(10)	
TKALA	开采回灌井编号	C(20)	
TKALA_A	原开采回灌井编号	C(20)	
TKALE	建设日期	C(8)	
GKZLSD	使用日期	C(8)	
DKZLSD	停用日期	C(8)	

续表

字段代码	字段名称	类型及长度	说明
SERVICE_STATE	使用情况	C(20)	
EXIST_PROBLEM	存在问题	C(20)	
SWDDBT	监测频率	C(20)	
MONITOR_FACILITIES	监测设施	C(20)	
MONITOR_CIRCUMS	监测环境	C(20)	
PROTECTION_FACILITIES	保护设施	C(20)	
PROTECTION_STATE	维护情况	C(20)	
TKCAH	地面标高	N(8,2)	
CHAJ	井口标高	N(8,2)	
SWIBEQ	井深	N(8,2)	
TKACCA	终孔深度	N(8,2)	
WELL_TYPE	井类型	C(20)	
SWBFL	开采层次	C(20)	
SWCJAZ	含水层段数	N(10)	
SWCJAW_A	含水层顶部	N(8,2)	
SWCJAW_B	含水层底部	N(8,2)	
SWNCAL	井口径	N(8,2)	
SWCGBP_A	滤网顶部	N(8,2)	
SWCGBP_B	滤网底部	N(8,2)	
SWCGAK	滤网口径	N(8,2)	
SEDIMENTARY_TUBE_DEP	沉淀管底部	N(8,2)	
RECHARGE_OR_PUMPING	灌用情况	C(20)	
WELL_PURPOSE	用途	C(20)	
SWMA	抽水设备	C(20)	
SWMABA	水泵型号	C(20)	
SWMABD	最大扬程	N(8,2)	
SWCGBW	泵管口径	N(8,2)	

表 D.9－3　开采回灌井监测数据表(表名:J101_WATER_AMOUNT_DATA)

字段代码	字段名称	类型及长度	说明
ENTITY_ID	设施 ID	N(10)	
SURVEY_DATE	监测日期/时间	T	
SURVEY_TYPE	监测类型	C(20)	
RECHARGE_AMOUNT	回灌量	N(11,3)	
PUMPING_AMOUNT	开采量	N(11,3)	

表 D.9-4 水位监测井基本信息(表名:J102_MONITORING_WELL)

字段代码	字段名称	类型及长度	说明
ENTITY_ID	设施 ID	N(10)	
TKALA	观测井编号	C(20)	
TKALA_A	原观测井编号	C(20)	
TKALE	建设日期	C(8)	
GKZLSD	使用日期	C(8)	
DKZLSD	停用日期	C(8)	
SERVICE_STATE	使用情况	C(20)	
EXIST_PROBLEM	存在问题	C(20)	
SWDDBT	监测频率	C(20)	
MONITOR_FACILITIES	监测设施	C(20)	
MONITOR_CIRCUMS	监测环境	C(20)	
PROTECTION_FACILITIES	保护设施	C(20)	
PROTECTION_STATE	维护情况	C(20)	
TKCAH	地面标高	N(8,2)	
CHAJ	井口标高	N(8,2)	
SWIBEQ	井深	N(8,2)	
TKACCA	终孔深度	N(8,2)	
WELL_TYPE	井类型	C(20)	
SWBFL	含水层次	C(20)	
SWCJAZ	含水层段数	N(10)	
SWCJAW_A	含水层顶部	N(8,2)	
SWCJAW_B	含水层底部	N(8,2)	
SWNCAL	井口径	N(8,2)	
SWCGBP_A	滤水管顶部	N(8,2)	
SWCGBP_B	滤水管底部	N(8,2)	
SWEFA	观测级别	N(10)	
SWEFC	观测类型	C(20)	
TKAA	观测孔类型	C(20)	
SWAF	地下水类型	C(20)	

表 D.9-5 水位监测井监测数据表(表名:J102_WATERLEVEL_DATA)

字段代码	字段名称	类型及长度	说明
ENTITY_ID	设施 ID	N(10)	
SURVEY_DATE	监测日期/时间	T	
SURVEY_TYPE	监测类型	C(20)	
WATER_LEVEL	水位标高	N(11,3)	

表 D.9－6　水质监测井信息(表名:J103_WATERQLTYMON_WELL)

字段代码	字段名称	类型及长度	说明
ENTITY_ID	设施 ID	N(10)	
TKALA	设施编号	C(20)	
TKALA_A	原设施编号	C(20)	
TKALE	建设日期	C(8)	
GKZLSD	使用日期	C(8)	
DKZLSD	停用日期	C(8)	
SERVICE_STATE	使用情况	C(20)	
EXIST_PROBLEM	存在问题	C(20)	
SWDDBT	监测频率	C(20)	
MONITOR_FACILITIES	监测设施	C(20)	
MONITOR_CIRCUMS	监测环境	C(20)	
PROTECTION_FACILITIES	保护设施	C(20)	
PROTECTION_STATE	维护情况	C(20)	
TKCAH	地面标高	N(8,2)	
CHAJ	起算高程	N(8,2)	
SWIBEQ	井深	N(8,2)	
TKACCA	终孔深度	N(8,2)	
WELL_TYPE	井类型	C(20)	
SWBFL	观测层次	C(20)	
SWCJAZ	含水层段数	N(10)	
SWCJAW_A	含水层顶部	N(8,2)	
SWCJAW_B	含水层底部	N(8,2)	
SWNCAL	井口径	N(8,2)	
SWCGBP_A	滤水管顶部	N(8,2)	
SWCGBP_B	滤水管底部	N(8,2)	
SWEFA	观测级别	N(10)	
SWEFC	观测类型	N(10)	
TKAA	观测孔类型	C(20)	
SWAF	地下水类型	C(20)	

表 D.9－7　水质监测井监测数据表(表名:J103_WATERQLTY_DATA)

字段代码	字段名称	类型及长度	说明
ENTITY_ID	设施 ID	N(10)	
TKALA_A	原设施编号	C(16)	
BIRTHDAY	监测日期/时间	T	
ADDRESS	地址	C(100)	

续表

字段代码	字段名称	类型及长度	说明
TYA	TYA	C(10)	
TYB	TYB	C(10)	
TEMP	温度	N(11,3)	
K	K	N(11,3)	
NA	NA	N(11,3)	
CA	CA	N(11,3)	
MG	MG	N(11,3)	
TFE	TFE	N(11,3)	
FE	FE	N(11,3)	
NH_4	NH_4	N(11,3)	
CL	CL	N(11,3)	
SO4	SO_4	N(11,3)	
HCO3	HCO_3	N(11,3)	
CO3	CO_3	N(11,3)	
NO3	NO_3	N(11,3)	
NO2	NO_2	N(11,3)	
CU	CU	N(11,3)	
ZN	ZN	N(11,3)	
PB	PB	N(11,3)	
CD	CD	N(11,3)	
MN	MN	N(11,3)	
TCR	TCR	N(11,3)	
SE	SE	N(11,3)	
MO	MO	N(11,3)	
ZAS	ZAS	N(11,3)	
HG	HG	N(11,3)	
COD	COD	N(11,3)	
F	F	N(11,3)	
CN	CN	N(11,3)	
C6H60	C_6H_{60}	N(11,3)	
RCL	RCL	N(11,3)	
PH	pH 值	N(11,3)	
ZY	总硬度	N(11,3)	
YY	永久硬度	N(11,3)	
CY	暂时硬度	N(11,3)	
FY	负硬度	N(11,3)	
M	矿化度	N(11,3)	

表 D.9－8 孔隙水监测孔基本信息(表名:J104_POREWATER_PIPE)

字段代码	字段名称	类型及长度	说明
ENTITY_ID	设施 ID	N(10)	
TKALA	孔隙水孔编号	C(20)	
TKALA_A	原孔隙水孔编号	C(20)	
TKALE	建设日期	C(8)	
GKZLSD	使用日期	C(8)	
DKZLSD	停用日期	C(8)	
SERVICE_STATE	使用情况	C(20)	
EXIST_PROBLEM	存在问题	C(20)	
SWDDBT	监测频率	C(20)	
MONITOR_FACILITIES	监测设施	C(20)	
MONITOR_CIRCUMS	监测环境	C(20)	
PROTECTION_FACILITIES	保护设施	C(20)	
PROTECTION_STATE	维护情况	C(20)	
TKCAH	孔口标高	N(8,2)	
CHAJ	起算高程	N(8,2)	
TKACCA	埋设深度	N(8,2)	
GROUP_NO	组号	C(20)	
PIPE_NO	测头号	C(20)	

表 D.9－9 孔隙水水位监测数据表(表名:J104_POREWATERLEVEL_DATA)

字段代码	字段名称	类型及长度	说明
ENTITY_ID	设施 ID	N(10)	
SURVEY_DATE	监测日期/时间	T	
SURVEY_TYPE	监测类型	C(20)	
WATER_LEVEL	水位标高	N(11,3)	

D.10 地面沉降监测数据表

表 D.10－1 地面沉降监测设施基本信息(表名:J200_ENTITY_BASE)

字段代码	字段名称	类型及长度	说明
ENTITY_ID	设施 ID	N(10)	
ENTITY_TYPE	设施类型编码	C(12)	编码字段用来区分:监测站、基岩标、分层标、水准点、GNSS 点、InSAR 监测点等
TKALA	设施编号	C(16)	
PKIAA	统一编号	C(16)	
TKCAF	东坐标	N(11,3)	

续表

字段代码	字段名称	类型及长度	说明
TKCAG	北坐标	N(11,3)	
TOWN_AREA	城区域	C(16)	环内、环外
DISTRICT_NAME	区名	C(16)	
LOCATION_NAME	地名	C(32)	
TKALB	地址	C(512)	
PKIIN	归属单位	C(512)	
CONTACT_ID	联系人 ID	N(10)	
ENTITYID	关联钻孔 ID	N(10)	
AUTOMID	自动化标志	N(1)	

表 D.10－2　地面沉降监测站结构信息表(表名:J201_ENTITY_GROUP)

字段代码	字段名称	类型及长度	说明
ENTITY_ID	标组设施 ID	N(10)	
TKALA	标组设施编号	C(20)	
ENTITY_ID_A	子设施 ID	N(10)	
TKALA_A	子设施编号	C(20)	
GROUP_REMARKS	备注	C(80)	

表 D.10－3　监测设施档案基本信息(表名:J201_ZARCHIVEMAIN)

字段代码	字段名称	类型及长度	说明
ENTITY_ID	设施 ID	N(10)	
TKALA	设施编号	C(20)	
ARCHIVE_TYPE	设施类型	C(20)	
ARCHIVE_NAME	文件名称	C(60)	
FILEPATH	路径	C(128)	
ARCHIVE_ID	档案 ID	C(36)	
ADDDATE	录入日期	C(8)	
SERVICE_TYPE	服务类型	C(20)	

表 D.10－4　基岩标基本信息表(表名:J202_BENCHROCK_MARK)

字段代码	字段名称	类型及长度	说明
ENTITY_ID	设施 ID	N(10)	
TKALA	基岩孔编号	C(20)	
TKALA_A	原基岩孔编号	C(20)	
TKALE	建设日期	C(8)	
GKZLSD	使用日期	C(8)	
DKZLSD	停用日期	C(8)	

续表

字段代码	字段名称	类型及长度	说明
SERVICE_STATE	使用情况	C(20)	
EXIST_PROBLEM	存在问题	C(20)	
SWDDBT	监测频率	C(20)	
MONITOR_FACILITIES	监测设施	C(20)	
MONITOR_CIRCUMS	监测环境	C(20)	
PROTECTION_FACILITIES	保护设施	C(20)	
PROTECTION_STATE	维护情况	C(20)	
TKCAH	地面标高	N(8,2)	
CHAJ	起算高程	N(8,2)	
TKACCA	埋设深度	N(8,2)	

表 D.10－5　基岩标监测数据表(表名:J202_BENCHROCK_MARK_DATA)

字段代码	字段名称	类型及长度	说明
ENTITY_ID	设施 ID	N(10)	
SURVEY_DATE	测量日期/时间	T	
SURVEY_TYPE	测量类型	C(20)	
CHAJ	标高	N(11,3)	单位:m

表 D.10－6　分层标基本信息表(表名:J203_LAYER_MARK)

字段代码	字段名称	类型及长度	说明
ENTITY_ID	设施 ID	N(10)	
TKALA	分层标编号	C(20)	
TKALA_A	原分层标编号	C(20)	
TKALE	建设日期	C(8)	
GKZLSD	使用日期	C(8)	
DKZLSD	停用日期	C(8)	
SERVICE_STATE	使用情况	C(20)	
EXIST_PROBLEM	存在问题	C(20)	
SWDDBT	监测频率	C(20)	
MONITOR_FACILITIES	监测设施	C(20)	
MONITOR_CIRCUMS	监测环境	C(20)	
PROTECTION_FACILITIES	保护设施	C(20)	
PROTECTION_STATE	维护情况	C(20)	
TKCAH	地面标高	N(8,2)	
CHAJ	起算高程	N(8,2)	
TKACCA	埋设深度	N(8,2)	

字段代码	字段名称	类型及长度	说明
BENCHROCK_MARK	测头号	C(20)	
DEST_SOIL_LAYER	监测目的层次	C(40)	

表 D.10－7　分层标监测数据表(表名:J203_LAYER_MARK_DATAH)

字段代码	字段名称	类型及长度	说明
ENTITY_ID	设施 ID	N(10)	
SURVEY_DATE	监测日期/时间	T	
SURVEY_TYPE	监测类型	C(20)	
HEIGHTD	相对高差	N(11,3)	单位:mm
DHEIGHTD	人工监测数据修正值	N(11,3)	单位:mm
LHEIGHTD	自动监测数据修正值	N(11,3)	单位:mm
XHEIGHTD	分层变形量	N(11,3)	单位:mm

表 D.10－8　水准点基本信息表(表名:J204_BENCHMARK_POINT)

字段代码	字段名称	类型及长度	说明
ENTITY_ID	设施 ID	N(10)	
TKALA	设施编号	C(20)	
TKALA_A	原设施编号	C(20)	
TKALE	建设日期	C(8)	
GKZLSD	使用日期	C(8)	
DKZLSD	停用日期	C(8)	
SERVICE_STATE	服务状态	C(80)	
EXIST_PROBLEM	存在问题	C(40)	
SWDDBT	监测频率	C(20)	
MONITOR_FACILITIES	监测设施	C(40)	
MONITOR_CIRCUMS	监测环境	C(40)	
PROTECTION_FACILITIES	保护设施	C(20)	
PROTECTION_STATE	维护情况	C(20)	
TKCAH	地面标高	N(8,2)	
CHAJ	起算高程	N(8,2)	
TKACCA	埋设深度	N(8,2)	
CHEBB_A	线号	C(20)	
CHAMBA	点之记	C(20)	
BM_GRADE	水准等级	C(3)	
SIGNALMATERIAL	标志材料	C(20)	
NOTICE	备注	C(50)	

表 D.10-9　水准点监测数据表(表名:J204_BENCHMARK_DATA)

字段代码	字段名称	类型及长度	说明
ENTITY_ID	设施 ID	N(10)	
SURVEY_DATE	测量日期/时间	T	
SURVEY_TYPE	测量类型	C(20)	
CHAJ	标高	N(11,3)	单位:m

表 D.10-10　GNSS 点基本信息表(表名:J205_GNSS_POINT)

字段代码	字段名称	类型及长度	说明
ENTITY_ID	设施 ID	N(10)	
TKALA	设施编号	C(20)	
TKALA_A	原设施编号	C(20)	
SUBTYPE	GNSS 分类	C(4)	
TKALE	建设日期	C(8)	
GKZLSD	使用日期	C(8)	
DKZLSD	停用日期	C(8)	
SERVICE_STATE	使用情况	C(20)	
EXIST_PROBLEM	存在问题	C(20)	
SWDDBT	监测频率	C(20)	
MONITOR_FACILITIES	监测设施	C(20)	
MONITOR_CIRCUMS	监测环境	C(20)	
PROTECTION_FACILITIES	保护设施	C(20)	
PROTECTION_STATE	维护情况	C(20)	
TKCAH	地面标高	N(8,2)	
CHAJ	起算高程	N(8,2)	
TKACCA	埋设深度	N(8,2)	
CHAMBA	点之记	C(20)	

表 D.10-11　GNSS 点监测数据表(表名:J205_GNSS_POINT_DATA)

字段代码	字段名称	类型及长度	说明
ENTITY_ID	设施 ID	N(10)	
SURVEY_DATE	测量日期/时间	T	
SURVEY_TYPE	测量类型	C(20)	
CHAJ	标高	N(11,3)	

表 D.10-12　角反射器基本信息(表名:J206_JFSQJBXX)

字段代码	字段名称	类型及长度	说明
ENTITY_ID	设施 ID	N(10)	
TKALA	设施编号	C(20)	

续表

字段代码	字段名称	类型及长度	说明
TKALA_A	原设施编号	C(20)	
SUBTYPE	分类	C(4)	
TKALE	建设日期	C(8)	
GKZLSD	使用日期	C(8)	
DKZLSD	停用日期	C(8)	
SERVICE_STATE	使用情况	C(20)	
EXIST_PROBLEM	存在问题	C(20)	
SWDDBT	监测频率	C(20)	
MONITOR_FACILITIES	监测设施	C(20)	
MONITOR_CIRCUMS	监测环境	C(20)	
PROTECTION_FACILITIES	保护设施	C(20)	
PROTECTION_STATE	维护情况	C(20)	
TKCAH	地面标高	N(8,2)	

表 D.10－13　SAR 遥感影像数据(表名:J206_INSAR_DES)

字段代码	字段名称	类型及长度	说明
TYBH	统一编号	N(10)	
XZXTMC	星载 SAR 系统名称	C(100)	
CXMS	成像模式	C(100)	
CXRQ	成像日期	T	

表 D.10－14　InSAR 监测数据表(表名:J206_INSAR_DATA)

字段代码	字段名称	类型及长度	说明
DATAID	数据点 ID	N(10)	
TKCAF	东坐标	N(11,3)	
TKCAG	北坐标	N(11,3)	
CJSL	沉降速率	N(8,2)	
SJSM	数据说明	C(200)	

D.11　重大工程沉降监测数据表

表 D.11－1　重大工程沉降监测设施基本信息(表名:J300_ENTITY_BASE)

字段代码	字段名称	类型及长度	说明
ENTITY_ID	设施 ID	N(10)	
ENTITY_TYPE	设施类型	C(12)	
TKALA	设施编号	C(16)	

续表

字段代码	字段名称	类型及长度	说明
PKIAA	统一编号	C(16)	
TKCAF	东坐标	N(11,3)	
TKCAG	北坐标	N(11,3)	
TOWN_AREA	城区域	C(16)	
DISTRICT_NAME	区名	C(16)	
LOCATION_NAME	地名	C(32)	
TKALB	地址	C(512)	
AUTOMID	自动化标志	N(1)	

表 D.11－2　重大工程沉降基本信息表(表名:J302_PROJ_BENCHMARK_POINT)

字段代码	字段名称	类型及长度	说明
ENTITY_ID	设施 ID	N(10)	
TKALA	一般水准点编号	C(20)	
TKALA_A	原一般水准点编号	C(20)	
TKALE	建设日期	C(8)	
GKZLSD	使用日期	C(8)	
DKZLSD	停用日期	C(8)	
SERVICE_STATE	使用情况	C(20)	
EXIST_PROBLEM	存在问题	C(20)	
SWDDBT	监测频率	C(20)	
MONITOR_FACILITIES	监测设施	C(20)	
MONITOR_CIRCUMS	监测环境	C(20)	
PROTECTION_FACILITIES	保护设施	C(20)	
PROTECTION_STATE	维护情况	C(20)	
TKCAH	地面标高	N(8,2)	
CHAJ	起算高程	N(8,2)	
MILESTONE	里程	N(8,2)	
GROUNDMARK	地面标志	C(20)	
CHAMBA	点之记(环号)	C(20)	

表 D.11－3　重大工程沉降监测数据表(表名:J302_PROJ_BENCHMARK_DATA)

字段代码	字段名称	类型及长度	说明
ENTITY_ID	设施 ID	N(10)	
SURVEY_DATE	监测日期/时间	T	
SURVEY_TYPE	监测类型	C(20)	填写具体的工程类型，如轨道交通、磁悬浮、高架道路、堤防、重大管网等

续表

字段代码	字段名称	类型及长度	说明
CHAJ	监测点标高	N(8,2)	
CHAJ_RECTIFY	高程修正值	N(8,2)	

D.12 海岸带地质环境监测数据表

表 D.12－1 水下地形测线数据表(表名:J401_CX)

字段代码	字段名称	类型及长度	说明
PKIAA	测线索引编号	N(9)	
WTDDAC	测线编号	C(40)	每年必须唯一
WTDDAB	测线名称	C(255)	
WTDB	勘探方法	C(20)	填:RTK/单波束/多波束
SORDATE	测量日期	C(20)	
INSTRUMENT	测量仪器	C(60)	
SOURCE	资料来源	C(60)	原始数据采集单位名称
ORIENTATION	方向	C(20)	
LOCATION	存储位置	C(255)	原始数据存储路径
FILENAME	文件名	C(100)	原始数据文件名
PKIIZ	备注	C(200)	

表 D.12－2 水下地形固定测点数据表(表名:J401_GDCD)

字段代码	字段名称	类型及长度	说明
CHFCAC	图元编号	N(10)	
CDBM	测点编号	C(40)	
TKCAF	东坐标	N(11,3)	
TKCAG	北坐标	N(11,3)	
KSJCSJ	开始监测时间	T	
JSDW	建设单位	C(60)	
PKIIZ	备注	C(200)	

表 D.12－3 水下地形监测数据表(表名:J401_SSD_DATA)

字段代码	字段名称	类型及长度	说明
CHFCAC	图元编号	N(10)	
TKCAF	东坐标	N(11,3)	
TKCAG	北坐标	N(11,3)	
LL_SSZ	理论水深值	N(7,2)	理论最低潮面
WS_GCZ	吴淞高程值	N(7,2)	吴淞基面

续表

字段代码	字段名称	类型及长度	说明
SORTIME	测量日期/时间	T	
PKIIZ	备注	C(200)	

表 D.12－4　表层沉积物取样点表(表名:J402_QYD)

字段代码	字段名称	类型及长度	说明
CHFCAC	图元编号	N(9)	
QYDMH	取样点编号	C(40)	
TKCAF	东坐标	N(11,3)	
TKCAG	北坐标	N(11,3)	
LL_SSZ	理论水深值	N(7,2)	理论最低潮面
WS_GCZ	吴淞高程值	N(7,2)	吴淞基面
QYSJ	取样日期/时间	T	
QYDW	取样单位	C(60)	
WJWZ	照片文件位置	C(100)	
WJMC	照片文件名称	C(100)	
PKIIZ	备注	C(200)	

表 D.12－5　表层沉积物粒度分析数据表(表名:J402_LD)

字段代码	字段名称	类型及长度	说明
CHFCAC	图元编号	N(10)	
QYDMH	取样点编号	C(40)	
CJXMC	沉积学名称	C(20)	
RAWDEP	未改正水深	N(7,2)	
CYLX	采样类型	C(40)	
CYSD	采样深度	N(10,3)	
CYRQ	采样日期/时间	T	
YS	颜色	C(20)	
ZL	重量	N(10,3)	
PH	pH 值	N(10,3)	
WD	温度	N(10,3)	
YX	岩性	C(40)	
NT	粘土	N(10,3)	
FS	粉砂	N(10,3)	
S	砂	N(10,3)	
Median	中值粒径	N(10,3)	
Mean	平均粒径	N(10,3)	
CMode	众数	N(10,3)	

续表

字段代码	字段名称	类型及长度	说明
SD	标准偏差	N(10,3)	
Variance	方差	N(10,3)	
CV	变异系数	N(10,3)	
Skewness	偏度系数	N(10,3)	
Kurtosis	峰度系数	N(10,3)	
lt2 μm	小于 2 μm 的粒径	N(10,3)	
Lt4 μm	小于 4 μm 的粒径	N(10,3)	
Lt8 μm	小于 8 μm 的粒径	N(10,3)	
Lt16 μm	小于 16 μm 的粒径	N(10,3)	
Lt32 μm	小于 32 μm 的粒径	N(10,3)	
Lt63 μm	小于 63 μm 的粒径	N(10,3)	
Lt125 μm	小于 125 μm 的粒径	N(10,3)	
Lt250 μm	小于 250 μm 的粒径	N(10,3)	
Lt500 μm	小于 500 μm 的粒径	N(10,3)	
Lt1 000 μm	小于 1 000 μm 的粒径	N(10,3)	
lt2 000 μm	小于 2 000 μm 的粒径	N(10,3)	
JXS	极细砂	N(10,3)	
XS	细砂	N(10,3)	
ZS	中砂	N(10,3)	
CS	粗砂	N(10,3)	
JCS	极粗砂	N(10,3)	
GT5	>5%	N(10,3)	
GT16	>16%	N(10,3)	
GT25	>25%	N(10,3)	
GT50	>50%	N(10,3)	
GT75	>75%	N(10,3)	
GT84	>84%	N(10,3)	
GT95	>95%	N(10,3)	
PKIIZ	备注	C(200)	

表 D.12－6　表层沉积物地球化学分析数据表(表名:J402_DQHX)

字段代码	字段名称	类型及长度	说明
CHFCAC	图元编号	N(9)	
QYDMH	取样点编号	C(40)	
ZAs	As	N(10,3)	单位:mg/kg
ZAu	Au	N(10,3)	单位:mg/kg

续表

字段代码	字段名称	类型及长度	说明
ZB	B	N(10,3)	单位:mg/kg
ZBa	Ba	N(10,3)	单位:mg/kg
ZBe	Be	N(10,3)	单位:mg/kg
ZBi	Bi	N(10,3)	单位:mg/kg
ZBr	Br	N(10,3)	单位:mg/kg
ZCd	Cd	N(10,3)	单位:mg/kg
ZCe	Ce	N(10,3)	单位:mg/kg
ZCl	Cl	N(10,3)	单位:mg/kg
ZCo	Co	N(10,3)	单位:mg/kg
ZCr	Cr	N(10,3)	单位:mg/kg
ZCu	Cu	N(10,3)	单位:mg/kg
ZF	F	N(10,3)	单位:mg/kg
ZGa	Ga	N(10,3)	单位:mg/kg
ZGe	Ge	N(10,3)	单位:mg/kg
ZHg	Hg	N(10,3)	单位:mg/kg
ZI	I	N(10,3)	单位:mg/kg
ZLa	La	N(10,3)	单位:mg/kg
ZLi	Li	N(10,3)	单位:mg/kg
ZMn	Mn	N(10,3)	单位:mg/kg
ZMo	Mo	N(10,3)	单位:mg/kg
ZN	N	N(10,3)	单位:mg/kg
ZNb	Nb	N(10,3)	单位:mg/kg
ZNi	Ni	N(10,3)	单位:mg/kg
ZP	P	N(10,3)	单位:mg/kg
ZPb	Pb	N(10,3)	单位:mg/kg
ZRb	Rb	N(10,3)	单位:mg/kg
ZS	S	N(10,3)	单位:mg/kg
ZSb	Sb	N(10,3)	单位:mg/kg
ZSc	Sc	N(10,3)	单位:mg/kg
ZSe	Se	N(10,3)	单位:mg/kg
ZSn	Sn	N(10,3)	单位:mg/kg
ZSr	Sr	N(10,3)	单位:mg/kg
ZTh	Th	N(10,3)	单位:mg/kg
ZTi	Ti	N(10,3)	单位:mg/kg
ZTl	Tl	N(10,3)	单位:mg/kg
ZU	U	N(10,3)	单位:mg/kg

续表

字段代码	字段名称	类型及长度	说明
ZV	V	N(10,3)	单位:mg/kg
ZW	W	N(10,3)	单位:mg/kg
ZY	Y	N(10,3)	单位:mg/kg
ZZn	Zn	N(10,3)	单位:mg/kg
ZZr	Zr	N(10,3)	单位:mg/kg
ZSiO2	SiO_2	N(10,3)	
ZFe2O3	Fe_2O_3	N(10,3)	
ZAl2O3	Al_2O_3	N(10,3)	
ZK2O	K_2O	N(10,3)	
ZNa2O	Na_2O	N(10,3)	
ZCaO	CaO	N(10,3)	
ZMgO	MgO	N(10,3)	
ZC	总碳	N(10,3)	
OrgC	有机碳	N(10,3)	
PH	pH 值	N(10,3)	
PKIIZ	备注	C(200)	

表 D.12－7　水动力测线表(表名:J403_CX)

字段代码	字段名称	类型及长度	说明
CHFCAC	图元编号	N(10)	
CXBH	测线编号	C(40)	
QDDZB	起点东坐标	N(11,3)	
QDBZB	起点北坐标	N(11,3)	
ZDDZB	终点东坐标	N(11,3)	
ZDBZB	终点北坐标	N(11,3)	
CLSJ	测量时间	T	
CLDW	测量单位	C(60)	
PKIIZ	备注	C(200)	

表 D.12－8　水动力测点表(表名:J403_CD)

字段代码	字段名称	类型及长度	说明
CHFCAC	图元编号	N(10)	
CDMH	测点编号	C(60)	
TKCAF	东坐标	N(11,3)	
TKCAG	北坐标	N(11,3)	
CLKSSJ	测量开始时间	T	
CLJSSJ	测量结束时间	T	

续表

字段代码	字段名称	类型及长度	说明
CLDW	测量单位	C(60)	
PKIIZ	备注	C(200)	

表 D.12－9　水动力监测数据表(表名:J403_CD_DATA)

字段代码	字段名称	类型及长度	说明
CHFCAC	图元编号	N(10)	
SC	水层	C(10)	如 0.2H
TIME	时间	T	
SPEED	流速	N(10,2)	
LX	流向	N(7,2)	
PKIIZ	备注	C(200)	

表 D.12－10　悬浮泥沙测点表(表名:J404_CD)

字段代码	字段名称	类型及长度	说明
CHFCAC	图元编号	N(10)	
CDBM	测点编号	C(40)	
TKCAF	东坐标	N(11,3)	
TKCAG	北坐标	N(11,3)	
CLSJ	测量时间	T	
CLDW	测量单位	C(60)	
PKIIZ	备注	C(200)	

表 D.12－11　悬浮泥沙含量表(表名:J404_HL)

字段代码	字段名称	类型及长度	说明
CHFCAC	图元编号	N(10)	
SC	水层	C(10)	
CLSJ	测量时间	T	
XFNSND	悬浮泥沙浓度	N(10,2)	
PKIIZ	备注	C(200)	

表 D.12－12　潮位站基本信息表(表名:J405_CWZ_BASE)

字段代码	字段名称	类型及长度	说明
CHFCAC	图元编号	N(10)	
ZM	站名	C(30)	
TKCAF	东坐标	N(11,3)	
TKCAG	北坐标	N(11,3)	
JLSJ	建立时间	T	
JSDW	建设单位	C(60)	

字段代码	字段名称	类型及长度	说明
PKIIZ	备注	C(200)	

表 D.12-13 潮位监测数据表(表名:J405_CWZ_DATA)

字段代码	字段名称	类型及长度	说明
CHFCAC	图元编号	N(10)	
TIME	时间	T	
CG	潮高	N(7,2)	
DATUM	基面	C(30)	
PKIIZ	备注	C(200)	

D.13 土地环境质量监测数据表

表 D.13-1 土壤监测点信息(表名:J501_TRJCJXX)

字段代码	字段名称	类型及长度	说明
CHFCAC	图元编号	N(9)	
HTSXINXD	监测点索引号	N(9)	
YPH	监测样品号	C(12)	
CHAMAC	图幅编号	C(12)	
TKBEAL	监测点设立日期	T	
QDAEC	监测点负责人	C(12)	
TKCAF	东坐标	N(11,3)	
TKCAG	北坐标	N(11,3)	
HTDEM	高程	N(11,3)	单位:m
HTDDEP	取样深度	N(11,3)	单位:cm
HTCYCW	采样层位	N(1)	
HTMZFYX	粗砂含量	N(1)	
HTMZFXS	细砂含量	N(1)	
HTBZFLT	粘土含量	N(1)	
HTTRYS	颜色	N(1)	
HTTRWR	污染	N(1)	
HTTRQS	侵蚀	N(1)	
HTTRYJ	盐渍	N(1)	
HTTRCY	土壤成因类型	C(2)	
YRTP	熔岩类型	N(1)	
HTTRLZ	农作物种类	C(254)	
HTTRYZE	养植物种类	C(254)	

续表

字段代码	字段名称	类型及长度	说明
HTTRYT	名优特产品	C(254)	
HTMARK	标记位置	C(254)	
HTBSYP	样品袋号	C(12)	
PKIIZ	备注	C(254)	

表 D.13－2　土壤全量元素分析数据(表名:J501_TRQLYS)

字段代码	字段名称	类型及长度	说明
PKIAA	分析索引号	N(9)	
HTSXINXD	监测点索引号	N(9)	
YPH	样品号	C(9)	
TKCAF	东坐标	N(11,3)	
TKCAG	北坐标	N(11,3)	
HTDEM	样品介质类型	N(1)	
SPPMBH	水平剖面号	C(12)	
CXPMBH	土壤垂向剖面编号	C(12)	
HTMDDEP	取样深度	N(11,3)	
CJZQSSD	取样起始深度	N(11,3)	
CZZZZSD	取样截至深度	N(11,3)	
CHAHNV	对应农作物样号	C(12)	
ZAg	Ag	N(11,3)	
ZAs	As	N(11,3)	
ZAu	Au	N(11,3)	
ZB	B	N(11,3)	
ZBa	Ba	N(11,3)	
ZBe	Be	N(11,3)	
ZBi	Bi	N(11,3)	
ZBr	Br	N(11,3)	
ZCd	Cd	N(11,3)	
ZCe	Ce	N(11,3)	
ZCl	Cl	N(11,3)	
ZCo	Co	N(11,3)	
ZCr	Cr	N(11,3)	
ZCu	Cu	N(11,3)	
ZF	F	N(11,3)	
ZGa	Ga	N(11,3)	

续表

字段代码	字段名称	类型及长度	说明
ZGe	Ge	N(11,3)	
ZHg	Hg	N(11,3)	
ZI	I	N(11,3)	
ZLa	La	N(11,3)	
ZLi	Li	N(11,3)	
ZMn	Mn	N(11,3)	
ZMo	Mo	N(11,3)	
ZN	N	N(11,3)	
ZNb	Nb	N(11,3)	
ZNi	Ni	N(11,3)	
ZP	P	N(11,3)	
ZPb	Pb	N(11,3)	
ZRb	Rb	N(11,3)	
ZS	S	N(11,3)	
ZSb	Sb	N(11,3)	
ZSc	Sc	N(11,3)	
ZSe	Se	N(11,3)	
ZSn	Sn	N(11,3)	
ZSr	Sr	N(11,3)	
ZTh	Th	N(11,3)	
ZTi	Ti	N(11,3)	
ZTl	Tl	N(11,3)	
ZU	U	N(11,3)	
ZV	V	N(11,3)	
ZW	W	N(11,3)	
ZY	Y	N(11,3)	
ZZn	Zn	N(11,3)	
ZZr	Zr	N(11,3)	
ZSiO2	SiO_2	N(11,3)	
ZAL2O3	AL_2O_3	N(11,3)	
ZTFe2O3	TFe_2O_3	N(11,3)	
ZMgO	MgO	N(11,3)	
ZCaO	CaO	N(11,3)	
ZNa_2O	Na_2O	N(11,3)	

续表

字段代码	字段名称	类型及长度	说明
ZK_2O	K_2O	N(11,3)	
ZpH	pH 值	N(11,3)	
ZTC	总碳	N(11,3)	
Corg	有机碳	N(11,3)	
CEC	阳离子交换	N(11,3)	
Org	有机质	N(11,3)	
PKIIZ	备注	C(254)	

表 D.13－3　土壤有机污染物分析数据(表名:J501_TRYJWR)

字段代码	字段名称	类型及长度	说明
PKIAA	分析索引号	N(9)	
HTSXINXD	监测点索引号	N(9)	
YPH	样品号	C(9)	
TKCAF	东坐标	N(11,3)	
TKCAG	北坐标	N(11,3)	
HTDEM	样品介质类型	N(1,0)	
SPPMBH	水平剖面号	C(12)	
CXPMBH	土壤垂向剖面编号	C(12)	
HTMDDEP	取样深度	N(11,3)	
CJZQSSD	取样起始深度	N(11,3)	
CZZZZSD	取样截至深度	N(11,3)	
CHAHNV	对应农作物样号	C(12)	
R666	γ-六六六	N(11,3)	
B666	β-六六六	N(11,3)	
D666	δ-六六六	N(11,3)	
T666	总六六六	N(11,3)	
PPDDE	PP′-DDE	N(11,3)	
OPDDT	OP′-DDT	N(11,3)	
PPDDD	PP′-DDD	N(11,3)	
PPDDT	PP′-DDT	N(11,3)	
TDDT	总 DDT	N(11,3)	
Chlordane	氯丹	N(11,3)	
Aldrin	艾氏剂	N(11,3)	
Heptachlor	七氯	N(11,3)	

续表

字段代码	字段名称	类型及长度	说明
Dieldrin	狄氏剂	N(11,3)	
Endrin	异狄氏剂	N(11,3)	
PCBs	多氯联苯	N(11,3)	
VHB	挥发性总酚	N(11,3)	
CN	氰化物	N(11,3)	
CHHg	甲基汞	N(11,3)	
PbR	烷基铅	N(11,3)	
BenaPyr	苯并[α]芘	N(11,3)	
PKIIZ	备注	C(254)	

表 D.13－4　土壤有效态分析数据(表名:J501_TRYXT)

字段代码	字段名称	类型及长度	说明
PKIAA	分析索引号	N(9)	
YPH	样品号	C(9)	
TKCAF	东坐标	N(11,3)	
TKCAG	北坐标	N(11,3)	
HTDEM	样品介质类型	N(1)	
SPPMBH	水平剖面号	C(12)	
CXPMBH	土壤垂向剖面编号	C(12)	
HTMDDEP	取样深度	N(11,3)	
CJZQSSD	取样起始深度	N(11,3)	
CZZZZSD	取样截至深度	N(11,3)	
CHAHNV	对应农作物样号	C(12)	
FWs	水溶氟	N(11,3)	
AsWs	水溶态砷	N(11,3)	
AsEx	离子可交换态砷	N(11,3)	
AsCa	碳酸盐结合态砷	N(11,3)	
AsFeMn	铁锰氧化态砷	N(11,3)	
AsWo	弱有机结合态砷	N(11,3)	
AsSo	强有机结合态砷	N(11,3)	
AsRe	残渣态砷	N(11,3)	
CdWs	水溶态镉	N(11,3)	
CdEx	离子可交换态镉	N(11,3)	
CdCa	碳酸盐结合态镉	N(11,3)	
CdFeMn	铁锰氧化态镉	N(11,3)	
CdWo	弱有机结合态镉	N(11,3)	

字段代码	字段名称	类型及长度	说明
CdSo	强有机结合态镉	N(11,3)	
CdRe	残渣态镉	N(11,3)	
CrWs	水溶态铬	N(11,3)	
CrEx	离子可交换态铬	N(11,3)	
CrCa	碳酸盐结合态铬	N(11,3)	
CrFeMn	铁锰氧化态铬	N(11,3)	
CrWo	弱有机结合态铬	N(11,3)	
CrSo	强有机结合态铬	N(11,3)	
Crre	残渣态铬	N(11,3)	
HgWs	水溶态汞	N(11,3)	
HgEx	离子可交换态汞	N(11,3)	
HgCa	碳酸盐结合态汞	N(11,3)	
HgFeMn	铁锰氧化态汞	N(11,3)	
HgWo	弱有机结合态汞	N(11,3)	
HgSo	强有机结合态汞	N(11,3)	
HgRe	残渣态汞	N(11,3)	
PbWs	水溶态铅	N(11,3)	
PbEx	离子可交换态铅	N(11,3)	
PbCa	碳酸盐结合态铅	N(11,3)	
PbFeMn	铁锰氧化态铅	N(11,3)	
PbWo	弱有机结合态铅	N(11,3)	
PbSo	强有机结合态铅	N(11,3)	
PbRe	残渣态铅	N(11,3)	
NiWs	水溶态镍	N(11,3)	
NiEx	离子可交换态镍	N(11,3)	
NiCa	碳酸盐结合态镍	N(11,3)	
NiFeMn	铁锰氧化态镍	N(11,3)	
NiWo	弱有机结合态镍	N(11,3)	
NiSo	强有机结合态镍	N(11,3)	
NiRe	残渣态镍	N(11,3)	
CuWs	水溶态铜	N(11,3)	
CuEx	离子可交换态铜	N(11,3)	
CuCa	碳酸盐结合态铜	N(11,3)	
CuFeMn	铁锰氧化态铜	N(11,3)	
CuWo	弱有机结合态铜	N(11,3)	
CuSo	强有机结合态铜	N(11,3)	

续表

字段代码	字段名称	类型及长度	说明
CuRe	残渣态铜	N(11,3)	
ZnWs	水溶态锌	N(11,3)	
ZnEx	离子可交换态锌	N(11,3)	
ZnCa	碳酸盐结合态锌	N(11,3)	
ZnFeMn	铁锰氧化态锌	N(11,3)	
ZnWo	弱有机结合态锌	N(11,3)	
ZnSo	强有机结合态锌	N(11,3)	
ZnRe	残渣态锌	N(11,3)	
PKIIZ	备注	C(254)	

表 D.13－5　土壤形态分析数据(表名:J501_TRXT)

字段代码	字段名称	类型及长度	说明
PKIAA	分析索引号	N(9)	分析索引号
HTSXINXD	监测点索引号	N(9)	
HTSYYH	送样样号	C(12)	原始采样点的编号,在本工作区数据表中唯一
TKCAF	东坐标	N(11,3)	
TKCAG	北坐标	N(11,3)	
HTBYLX	样品介质类型	N(1)	填写分析样品的原始介质类型代码:1—土壤;2—土壤垂向剖面样;3—土壤水平剖面样
SPPMBH	水平剖面号	C(12)	样品介质类型为土壤水平剖面时,填写土壤水平剖面编号
CXPMBH	土壤垂向剖面编号	C(12)	样品介质类型为土壤垂向剖面样时,填写土壤垂向剖面编号
HTMDDEP	取样深度	N(11,3)	样品介质类型为土壤时,填写取样的截止深度,如 0～20 cm
CJZQSSD	取样起始深度	N(11,3)	
CJZZZSD	取样截至深度	N(11,3)	
CHAHNV	对应农作物样号	C(12)	样品介质类型为根系土时,填写同一位置采集的农作物样品号
FWs	水溶氟	N(11,3)	土壤水溶态氟含量实验室分析值
AsWs	水溶态砷	N(11,3)	土壤水溶态砷含量实验室分析值
AsEx	离子可交换态砷	N(11,3)	土壤离子可交换态砷含量实验室分析值
AsCa	碳酸盐结合态砷	N(11,3)	土壤碳酸盐结合态砷含量实验室分析值
AsFeMn	铁锰氧化态砷	N(11,3)	土壤铁锰氧化态砷含量实验室分析值
AsWo	弱有机结合态砷	N(11,3)	土壤弱有机结合态砷含量实验室分析值
AsSo	强有机结合态砷	N(11,3)	土壤强有机结合态砷含量实验室分析值
AsRe	残渣态砷	N(11,3)	土壤残渣态砷含量实验室分析值

续表

字段代码	字段名称	类型及长度	说明
CdWs	水溶态镉	N(11,3)	土壤水溶态镉含量实验室分析值
CdEx	离子可交换态镉	N(11,3)	土壤离子可交换态镉含量实验室分析值
CdCa	碳酸盐结合态镉	N(11,3)	土壤碳酸盐结合态镉含量实验室分析值
CdFeMn	铁锰氧化态镉	N(11,3)	土壤铁锰氧化态镉含量实验室分析值
CdWo	弱有机结合态镉	N(11,3)	土壤弱有机结合态镉含量实验室分析值
CdSo	强有机结合态镉	N(11,3)	土壤强有机结合态镉含量实验室分析值
CdRe	残渣态镉	N(11,3)	土壤残渣态镉含量实验室分析值
CrWs	水溶态铬	N(11,3)	土壤水溶态铬含量实验室分析值
CrEx	离子可交换态铬	N(11,3)	土壤离子可交换态铬含量实验室分析值
CrCa	碳酸盐结合态铬	N(11,3)	土壤碳酸盐结合态铬含量实验室分析值
CrFeMn	铁锰氧化态铬	N(11,3)	土壤铁锰氧化态铬含量实验室分析值
CrWo	弱有机结合态铬	N(11,3)	土壤弱有机结合态铬含量实验室分析值
CrSo	强有机结合态铬	N(11,3)	土壤强有机结合态铬含量实验室分析值
Crre	残渣态铬	N(11,3)	土壤残渣态铬含量实验室分析值
HgWs	水溶态汞	N(11,3)	土壤水溶态汞含量实验室分析值
HgEx	离子可交换态汞	N(11,3)	土壤离子可交换态汞含量实验室分析值
HgCa	碳酸盐结合态汞	N(11,3)	土壤碳酸盐结合态汞含量实验室分析值
HgFeMn	铁锰氧化态汞	N(11,3)	土壤铁锰氧化态汞含量实验室分析值
HgWo	弱有机结合态汞	N(11,3)	土壤弱有机结合态汞含量实验室分析值
HgSo	强有机结合态汞	N(11,3)	土壤强有机结合态汞含量实验室分析值
HgRe	残渣态汞	N(11,3)	土壤残渣态汞含量实验室分析值
PbWs	水溶态铅	N(11,3)	土壤水溶态铅含量实验室分析值
PbEx	离子可交换态铅	N(11,3)	土壤离子可交换态铅含量实验室分析值
PbCa	碳酸盐结合态铅	N(11,3)	土壤碳酸盐结合态铅含量实验室分析值
PbFeMn	铁锰氧化态铅	N(11,3)	土壤铁锰氧化态铅含量实验室分析值
PbWo	弱有机结合态铅	N(11,3)	土壤弱有机结合态铅含量实验室分析值
PbSo	强有机结合态铅	N(11,3)	土壤强有机结合态铅含量实验室分析值
PbRe	残渣态铅	N(11,3)	土壤残渣态铅含量实验室分析值
NiWs	水溶态镍	N(11,3)	土壤水溶态镍含量实验室分析值
NiEx	离子可交换态镍	N(11,3)	土壤离子可交换态镍含量实验室分析值
NiCa	碳酸盐结合态镍	N(11,3)	土壤碳酸盐结合态镍含量实验室分析值
NiFeMn	铁锰氧化态镍	N(11,3)	土壤铁锰氧化态镍含量实验室分析值
NiWo	弱有机结合态镍	N(11,3)	土壤弱有机结合态镍含量实验室分析值
NiSo	强有机结合态镍	N(11,3)	土壤强有机结合态镍含量实验室分析值
NiRe	残渣态镍	N(11,3)	土壤残渣态镍含量实验室分析值
CuWs	水溶态铜	N(11,3)	土壤水溶态铜含量实验室分析值

续表

字段代码	字段名称	类型及长度	说明
CuEx	离子可交换态铜	N(11,3)	土壤离子可交换态铜含量实验室分析值
CuCa	碳酸盐结合态铜	N(11,3)	土壤碳酸盐结合态铜含量实验室分析值
CuFeMn	铁锰氧化态铜	N(11,3)	土壤铁锰氧化态铜含量实验室分析值
CuWo	弱有机结合态铜	N(11,3)	土壤弱有机结合态铜含量实验室分析值
CuSo	强有机结合态铜	N(11,3)	土壤强有机结合态铜含量实验室分析值
CuRe	残渣态铜	N(11,3)	土壤残渣态铜含量实验室分析值
ZnWs	水溶态锌	N(11,3)	土壤水溶态锌含量实验室分析值
ZnEx	离子可交换态锌	N(11,3)	土壤离子可交换态锌含量实验室分析值
ZnCa	碳酸盐结合态锌	N(11,3)	土壤碳酸盐结合态锌含量实验室分析值
ZnFeMn	铁锰氧化态锌	N(11,3)	土壤铁锰氧化态锌含量实验室分析值
ZnWo	弱有机结合态锌	N(11,3)	土壤弱有机结合态锌含量实验室分析值
ZnSo	强有机结合态锌	N(11,3)	土壤强有机结合态锌含量实验室分析值
ZnRe	残渣态锌	N(11,3)	土壤残渣态锌含量实验室分析值
PKIIZ	备注	C(254)	其他重要说明信息

表 D.13－6　土壤离子态分析数据(表名:J501_TRLZT)

字段代码	字段名称	类型及长度	说明
PKIAA	分析索引号	N(9)	分析索引号
HTSXINXD	监测点索引号	N(11,3)	
YPH	样品号	C(12)	原始采样点的编号,在本工作区数据表中唯一
TKCAF	东坐标	N(11,3)	
TKCAG	北坐标	N(11,3)	
HTBYLX	样品介质类型	N(1)	填写分析样品的原始介质类型代码:1—土壤;2—土壤垂向剖面样;3—土壤水平剖面样
SPPMBH	水平剖面号	C(12)	样品介质类型为土壤水平剖面时,填写土壤水平剖面编号
CXPMBH	土壤垂向剖面编	C(12)	
HTMDDEP	取样深度	N(11,3)	样品介质类型为土壤时,填写取样的截止深度,如 0～20 cm
CJZQSSD	取样起始深度	N(11,3)	
CJZZZSD	取样截至深度	N(11,3)	
CHAHNV	对应农作物样号	C(12)	样品介质类型为根系土时,填写同一位置采集的农作物样品号
As3p	As^{3+}	N(11,3)	
As5p	As^{5+}	N(11,3)	
Cr3p	Cr^{3+}	N(11,3)	

续表

字段代码	字段名称	类型及长度	说明
Cr6p	Cr^{6+}	N(11,3)	
Sb3p	Sb^{3+}	N(11,3)	
Sb5p	Sb^{5+}	N(11,3)	
Se4p	Se^{4+}	N(11,3)	
Se6p	Se^{6+}	N(11,3)	
PKIIZ	备注	C(254)	其他重要说明信息

表 D.13－7　土壤理化指标数据(表名:J501_TRLHZB)

该表与表 J501_TRQLYS 相同。

表 D.13－8　农作物监测点信息(表名:J502_NZWJCJXX)

字段代码	字段名称	类型及长度	说明
HTSXINX	采样索引号	N(9)	采样索引号作为一个工区采样的唯一标识,通过采集系统自动生成
HTSXINXD	监测点索引号	N(9)	
CHAMAC	图幅编号	C(10)	根据调查比例尺,填写采样点所在的对应比例尺图幅编号
YPH	样品号	C(30)	即采样点的编号,在本工作区数据表中唯一
CHAHNV	对应根系土样号	C(20)	采集的农作物样品对应根系土样号
QDAEC	采样者	C(20)	采样者或记录者姓名
QDAES	审核人	C(20)	采样审核者姓名
TKBEAL	采样日期	T	样品采集日期
GNSS	GNSS	C(20)	记录 GNSS
TKCAF	东坐标	N(11,3)	
TKCAG	北坐标	N(11,3)	
HTDEM	高程	N(11,3)	记录采样点高程
HTYPNO	样品袋号	C(20)	样品袋编号
HTZWLX	农作物类型	C(3)	采集的植物类型
HTZWMC	农作物名称	C(20)	采集的具体植物的中文名称,如小麦、玉米、大豆、青椒、茄子等
HTZWBW	采集部位	N(1)	采集植物的部位,编码如下:1—根;2—皮;3—干/茎;4—叶;5—植株
NZWCL	农作物测产	C(254)	自测与访问的农作物年产量描述
HTTRCY	土壤类型	C(8)	土壤类型。按 GB/T 17296 执行
HTTRMZ	成土母质	C(2)	
HTTRLY	土地利用现状	N(3)	采样点附近土地利用情况
HTDMLX	地貌类型	C(2)	

续表

字段代码	字段名称	类型及长度	说明
HTTR	盐渍化	C(3)	采样点附近的盐渍情况。代码填写。编码为:0—无;1—有
ZZZD	典型种植制度	C(80)	一个地区或生产单位作物种植的结构、配置、熟制与种植方式的总体
GGFS	灌溉方式	N(1)	灌溉水湿润土壤的方式。代码填写,编码为:1—畦灌;2—沟灌;3—淹灌
HTMARK	地理位置	C(254)	记录土壤采样点所在地理行政区的详细位置。如**省*县**乡**村
HTTRWR	人为污染	N(1)	外来物质对土壤的可能污染程度
HTTRQS	侵蚀程度	N(1)	采样点附近水土流失及剥蚀情况。编码为:0—无;1—轻度;2—中等;3—严重
HTSFQK	施肥情况	C(254)	记录采样点所在地块本年度有机肥与化肥施用种类、数量、次数等信息
HTZPSY	照片索引号	C(100)	采样点照片索引号。多个照片时逗号隔开
PKIIZ	备注	C(254)	附近采集其他作物情况记录等

表 D.13－9　农作物全量元素分析数据(表名:J502_NZWQLYS)

字段代码	字段名称	类型及长度	说明
PKIAA	分析索引号	N(9)	分析索引号
YPH	样品号	C(12)	原始采样点的编号,在本工作区数据表中唯一
TKCAF	东坐标	N(11,3)	
TKCAG	北坐标	N(11,3)	
HTBYLX	农作物类型	N(1)	填写采集的植物类型,编码为:1—粮食作物;2—瓜果蔬菜;3—牧草;4—其他
HTZWMC	农作物名称	C(20)	采集的具体植物的中文名称,如小麦、玉米、大豆、青椒、茄子等
ZPb	Pb	N(11,3)	
ZCd	Cd	N(11,3)	
ZHg	Hg	N(11,3)	
ZAs	As	N(11,3)	
ZCr	Cr	N(11,3)	
ZSe	Se	N(11,3)	
ZF	F	N(11,3)	
A666	α六六六	N(11,3)	α-六六六含量实验室分析值
R666	γ六六六	N(11,3)	γ-六六六含量实验室分析值
B666	β六六六	N(11,3)	β-六六六含量实验室分析值
D666	δ六六六	N(11,3)	δ-六六六含量实验室分析值
T666	总六六六	N(11,3)	总六六六含量实验室分析值

续表

字段代码	字段名称	类型及长度	说明
PPDDE	PP′-DDE	N(11,3)	
OPDDT	OP′-DDT	N(11,3)	OP′-DDT 含量实验室分析值
PPDDD	PP′-DDD	N(11,3)	
PPDDT	PP′-DDT	N(11,3)	PP′-DDT 含量实验室分析值
TDDT	总 DDT	N(11,3)	总 DDT 含量实验室分析值
BenaPyr	苯并[α]芘	N(11,3)	苯并[α]芘含量实验室分析值
PKIIZ	备注	C(254)	其他重要说明信息

表 D.13-10 农作物品质指标分析数据(表名:J502_NZWPZZB)

字段代码	字段名称	类型及长度	说明
PKIAA	分析索引号	N(9)	分析索引号
YPH	样品号	C(12)	原始采样点的编号,在本工作区数据表中唯一
TKCAF	东坐标	N(11,3)	
TKCAG	北坐标	N(11,3)	
HTBYLX	农作物类型	N(1)	填写采集的植物类型
HTZWMC	农作物名称	C(20)	采集的具体植物的中文名称,如小麦、玉米、大豆、青椒、茄子等
HTKRXGT	可溶性固形物	N(11,3)	农作物中可溶性固形物含量
HTKRXZT	可溶性总糖	N(11,3)	农作物中可溶性总糖含量
HTKDDS	可滴定酸	N(11,3)	农作物中可滴定酸含量
HTHYVC	还原性 Vc	N(11,3)	农作物中还原性 Vc
HTCDB	粗蛋白	N(11,3)	农作物中粗蛋白含量
HTCDF	粗淀粉	N(11,3)	农作物中粗淀粉含量
PKIIZ	备注	C(254)	其他重要说明信息

表 D.13-11 根系土监测点信息(表名:J503_GXTJCJXX)

字段代码	字段名称	类型及长度	说明
HTSXINX	采样索引号	N(9)	采样索引号作为一个工区采样的唯一标识,通过采集系统自动生成
CHAMAC	图幅编号	C(10)	根据调查比例尺,填写采样点所在的对应比例尺图幅编号
HTSXINXD	监测点索引号	N(9)	
YPH	样品号	C(30)	即采样点的编号,在本工作区数据表中唯一
CHAHNV	对应根系土样号	C(30)	采集的农作物样品对应根系土样号
QDAEC	采样者	C(20)	采样者或记录者姓名
QDAES	审核人	C(20)	采样审核者姓名

续表

字段代码	字段名称	类型及长度	说明
TKBEAL	采样日期	T	样品采集日期
GNSS	GNSS 点号	C(20)	记录 GNSS
TKCAF	东坐标	N(11,3)	
TKCAG	北坐标	N(11,3)	
HTDEM	高程	N(11,3)	记录采样点高程
HTYPNO	样品袋号	C(12)	样品袋编号。
HTZWLX	农作物类型	C(3)	采集的植物类型。1—粮食作物;2—瓜果蔬菜;3—经济作物
HTZWMC	农作物名称	C(20)	采集的具体植物的中文名称,如小麦、玉米、大豆、青椒、茄子等
HTZWBW	采集部位	N(1)	采集植物的部位,编码如下:1—根;2—皮;3—干/茎;4—叶;5—植株
NZWCL	农作物测产	C(254)	自测与访问的农作物年产量描述
HTTRCY	土壤类型	C(8)	土壤类型
HTTRMZ	成土母质	C(2)	
HTTRLY	土地利用现状	N(3)	采样点附近土地利用情况。编码参照 GB/T 21010—2007
HTDMLX	地貌类型	C(2)	
HTTR	盐渍化	C(3)	采样点附近的盐渍情况。代码填写。编码为:0—无;1—轻度;2—中等;3—严重
ZZZD	典型种植制度	C(80)	一个地区或生产单位作物种植的结构、配置、熟制与种植方式的总体
GGFS	灌溉方式	N(1)	灌溉水湿润土壤的方式。代码填写,编码为:1—畦灌;2—沟灌;3—淹灌
HTMARK	地理位置	C(254)	记录土壤采样点所在地理行政区的详细位置。如**省*县**乡**村
HTTRWR	人为污染	N(1)	外来物质对土壤的可能污染程度
HTTRQS	侵蚀程度	N(1)	采样点附近水土流失及剥蚀情况。编码为:0—无;1—轻度;2—中等;3—严重
HTSFQK	施肥情况	C(254)	记录采样点所在地块本年度有机肥与化肥施用种类、数量、次数等信息
HTZPSY	照片索引号	C(100)	采样点照片索引号。多个照片时逗号隔开
PKIIZ	备注	C(254)	附近采集其他作物情况记录等

表 D.13 - 12　根系土全量元素分析数据(表名:J503_GXTQLYS)

该表与表 J501_TRQLYS 相同。

表 D.13 - 13　根系土有机污染物分析数据(表名:J503_GXTYJWR)

该表与表 J501_TRYJWR 相同。

表 D.13 - 14　根系土有效态分析数据(表名:J503_GXTYXT)

该表与表 J501_TRYXT 相同。

表 D.13 - 15　根系土形态分析数据(表名:J503_GXTXT)

该表与表 J501_TRXT 相同。

表 D.13 - 16　根系土离子态分析数据(表名:J503_GXTLZT)

该表与表 J501_TRLZT 相同。

表 D.13 - 17　灌溉水监测点信息(表名:J504_GGSJCJXX)

字段代码	字段名称	类型及长度	说明
HTSXINX	采样索引号	N(9)	采样索引号作为一个工区采样的唯一标识,通过采集系统自动生成
CHAMAC	图幅编号	C(10)	根据调查比例尺,填写采样点所在的对应比例尺图幅编号
HTSXINXD	监测点索引号	N(9)	
YPH	样品号	C(30)	即采样点的编号,在本工作区数据表中唯一
HTSYLX	水样类型	N(1)	灌溉水样品类型,代码填写。编码为:1—原水;2—酸化水样;3—碱化水样
QDAEC	采样者	C(20)	采样者或记录者姓名
QDAES	审核人	C(20)	采样审核者姓名
TKBEAL	采样日期	T	样品采集日期
GNSS	GNSS 点号	C(20)	
TKCAF	东坐标	N(11,3)	
TKCAG	北坐标	N(11,3)	
HTDEM	高程	N(11,3)	记录采样点高程
HTBSTP	灌溉水类型	N(1)	灌溉水分布类型。代码填写,编码为:0—水库水;1—湖水;2—塘水;3—河流
HTBSWZ	水位	N(1)	灌溉水类型为地表水时地表水的水位状况
HTBSYS	水色	C(20)	灌溉水样品的颜色,填写汉字
HTBSWD	水温	N(11,3)	灌溉水的温度,单位为℃
HTBSSX	水溴	N(1)	灌溉水样品的气味,代码填写。编码为:0—无;1—臭;2—刺激;3—异味
HTBSZD	浊度	N(1)	水质的浊度,代码填写。编码为:1—透明;2—半透明;3—混浊
HTBSWR	污染	N(1)	水质的污染情况,编码为:0—无;1—可能;2—轻度;3—严重
HTPHV	pH 值	N(11,3)	水质的 pH 值
HTMARK	地理位置	C(254)	记录土壤采样点所在地理行政区的详细位置。如 ** 省 * 县 ** 乡 ** 村
HTSYTZ	水域特征描述	C(254)	灌溉水水域特征可填写重要污染事件、最高洪水位、土地规划利用
HTZPSY	照片索引号	C(100)	采样点照片索引号。多个照片时逗号隔开
PKIIZ	备注	C(254)	其他重要说明信息

表 D.13-18　灌溉水全量元素分析数据(表名:J504_GGSQLYS)

字段代码	字段名称	类型及长度	说明
PKIAA	分析索引号	N(9)	分析索引号
YPH	样品号	C(12)	原始采样点的编号,在本工作区数据表中唯一
TKCAF	东坐标	N(11,3)	
TKCAG	北坐标	N(11,3)	
HTBYLX	灌溉水类型	N(1)	灌溉水分布类型。代码填写,编码为:0—水库水;1—湖水;2—塘水;3—河流水
pH	pH 值	C(20)	
TAs	总砷	N(11,3)	总砷含量
THg	总汞	N(11,3)	总汞含量
ZCd	Cd	N(11,3)	
ZCr6p	Cr^{6+}	N(11,3)	
ZPb	Pb	N(11,3)	
ZCu	Cu	N(11,3)	
ZZn	Zn	N(11,3)	
ZSe	Se	N(11,3)	
ZB	B	N(11,3)	
Chlorid	氯化物	N(11,3)	氯化物含量
Sulfide	硫化物	N(11,3)	硫化物含量
Fluoride	氟化物	N(11,3)	氟化物含量
Cyanide	氰化物	N(11,3)	氰化物含量
Oil	石油类	N(11,3)	石油类含量
ArOH	挥发性酚	N(11,3)	挥发性酚含量
Benzene	苯	N(11,3)	苯含量
ChHydrate	三氯乙醛	N(11,3)	三氯乙醛含量
Acrolein	丙烯醛	N(11,3)	丙烯醛含量
Tsalt	全盐量	N(11,3)	全盐量含量
ZCO_3^2m	CO_3^{2-}	N(11,3)	
ZCO_2	游离 CO_2	N(11,3)	
ZCNm	CN^-	N(11,3)	
ZHCO3m	HCO_3^-	N(11,3)	
ZNO3m	NO_3^-	N(11,3)	
ZNO2m	NO_2^-	N(11,3)	
ZIm	I^-	N(11,3)	
ZSO_4^2m	SO_4^{2-}	N(11,3)	

续表

字段代码	字段名称	类型及长度	说明
ZFm	F^-	N(11,3)	
ZClm	Cl^-	N(11,3)	
ZBrm	Br^-	N(11,3)	
ZPO_4^3m	PO_4^{3-}	N(11,3)	
$ZSeO_3^2m$	SeO_3^{2-}	N(11,3)	
$ZSeO_4^2m$	SeO_4^{2-}	N(11,3)	
ZNH4p	NH_4^+	N(11,3)	
PKIIZ	备注	C(254)	其他重要说明信息

表 D.13-19　大气干湿沉降监测点信息(表名:J505_JQJCJXX)

字段代码	字段名称	类型及长度	说明
HTSXINX	采样索引号	N(9)	采样索引号作为一个工区采样的唯一标识,通过采集系统自动生成
CHAMAC	图幅编号	C(10)	根据调查比例尺,填写采样点所在的对应比例尺图幅编号
HTSXINXD	监测点索引号	N(9)	
YPH	样品号	C(30)	即采样点的编号,在本工作区数据表中唯一
QDAEC	采样者	C(20)	采样者或记录者姓名
QDAES	审核人	C(20)	采样者或记录者姓名
TKBEALS	采样起始日期	T	样品采集起始日期
TKBEALZ	采样终止日期	T	样品采集终止日期
GNSS	GNSS 点号	C(20)	记录 GNSS 点号
TKCAF	东坐标	N(11,3)	
TKCAG	北坐标	N(11,3)	
HTJCLX	沉降物类型	N(1)	大气干(湿)沉降物物类型,代码填写。编码为:1—干沉降物;2—湿沉降物
HTLMKJ	滤膜孔径	N(11,3)	过滤样品的滤膜孔径
HTJCGD	离地高度	N(11,3)	接尘缸放置离地面高度
HTJCHJ	周围环境	C(254)	描述采样点周围的位置、环境、有无污染源等
HTYPNO	积尘缸号	C(12)	接尘缸编号
HTYPAD	积尘缸口径	N(11,3)	接尘缸口径
HTJSQK	天气变化记录	C(100)	填写采样点在样品收集期间的降水等天气情况
HTZPSY	照片索引号	C(100)	采样点照片索引号。多个照片时逗号隔开
PKIIZ	备注	C(254)	其他重要说明信息

表 D.13 - 20　大气干湿沉降全量元素分析数据（表名:J505_JQQLYS）

字段代码	字段名称	类型及长度	说明
PKIAA	分析索引号	N(9)	分析索引号
YPH	样品号	C(12)	原始采样点的编号，在本工作区数据表中唯一
TKCAF	东坐标	N(11,3)	
TKCAG	北坐标	N(11,3)	
HTBYLX	大气干(湿)沉	N(1)	
ZAs	As	N(11,3)	大气干(湿)沉降物中 As
ZCd	Cd	N(11,3)	大气干(湿)沉降物中 Cd
ZHg	Hg	N(11,3)	大气干(湿)沉降物中 Hg
ZCr	Cr	N(11,3)	大气干(湿)沉降物中 Cr
ZPb	Pb	N(11,3)	大气干(湿)沉降物中 Pb
ZNi	Ni	N(11,3)	大气干(湿)沉降物中 Ni
ZCu	Cu	N(11,3)	大气干(湿)沉降物中 Cu
ZZn	Zn	N(11,3)	大气干(湿)沉降物中 Zn
ZSe	Se	N(11,3)	大气干(湿)沉降物中 Se
Fluoride	氟化物	N(11,3)	大气干(湿)沉降物中氟化物含量
ZSO2	SO_2	N(11,3)	大气干(湿)沉降物中 SO_2
ZNOx	NO_x	N(11,3)	大气干(湿)沉降物中 NO_x
ZNO2	NO_2	N(11,3)	大气干(湿)沉降物中 NO_2
ZO3	O_3	N(11,3)	大气干(湿)沉降物中 O_3
BenaPyr	苯并[α]芘	N(11,3)	大气干(湿)沉降物中苯并[α]芘含量
HTCdTL	Cd 通量	N(11,3)	大气干(湿)沉降物中 Cd
HTHgTL	Hg 通量	N(11,3)	大气干(湿)沉降物中 Hg
PKIIZ	备注	C(254)	其他重要说明信息

D.14　地热能监测数据表

表 D.14 - 1　地温长期观测孔基本信息（表名:J601_DW_GCK）

字段代码	字段名称	类型及长度	说明
JCKID	监测孔 ID	N(10)	
JCKBH	监测孔编号	C(16)	
TYBH	统一编号	C(16)	
GLZKID	关联钻孔 ID	N(10)	
TKCAF	东坐标	N(11,3)	
TKCAG	北坐标	N(11,3)	
CQY	城区域	C(16)	环内、环外、全部

字段代码	字段名称	类型及长度	说明
QM	区名	C(16)	
DM	地名	C(32)	同区名
DZ	地址	C(512)	
GSDW	归属单位	C(512)	
LXRID	联系人 ID	N(10)	
DMBG	地面标高	N(8,2)	
KKBG	孔口标高	N(8,2)	
KS	孔深	N(8,2)	
WDCGQBH	温度传感器编号	N(10)	
WDCGQSZSD	温度传感器设置深度	N(5,2)	

表 D.14－2　地温监测数据(表名:J601_DW_JCSJ)

字段代码	字段名称	类型及长度	说明
TRANSID	温度传感器 ID	N(10)	
WDCGQBH	温度传感器编号	N(10)	
TEMPDATE	采集时间	T	
VALUE	采集值	N(10,2)	

表 D.14－3　浅层地热能应用工程跟踪监测场基本情况(表名:J602_GZJCC)

字段代码	字段名称	类型及长度	说明
PRJID	工程 ID	N(10)	
PNO	项目编号	C(10)	
TKCAF	东坐标	N(11,3)	
TKCAG	北坐标	N(11,3)	
QDAF	行政区划	C(10)	
QDAFA	乡镇	C(20)	
TKALB	详细地址	C(100)	
TKALE	开工时间	T	
TKALF	竣工时间	T	
TKALD	施工单位	C(50)	
PKIIN	归属单位	C(50)	
DW_SJ	设计单位	C(50)	
DW_WY	物业单位	C(50)	
PKIIM	资料来源	C(50)	
PKIIMA	资料编号	C(20)	
GKZLSD	资料起始日期	T	
CONTACT1	联系人 1	C(20)	

字段代码	字段名称	类型及长度	说明
TEL1	联系人 1 电话	C(20)	
CONTACT2	联系人 2	C(20)	
TEL2	联系人 2 电话	C(20)	
TRAFFIC_MAP	交通示意图	C(50)	存放文件名
RBLY	地源热泵利用类型	C(50)	如:地埋管、地下水、污水源等
ABOUT	监测场描述	C(500)	

表 D.14－4　地源热泵系统换热区监测孔信息(表名:J602_JCK)

字段代码	字段名称	类型及长度	说明
PRJID	工程 ID	N(10)	
HOLEID	钻孔 ID	N(10)	
HOLECODE	钻孔编号	C(20)	
TYPE	钻孔类型	C(10)	
ENTITYID	钻孔统一 ID	N(10)	索引到钻孔总表

表 D.14－5　监测设备数据(表名:J602_JCSB)

字段代码	字段名称	类型及长度	说明
TRANSID	传感器 ID	N(10)	
PRJID	工程 ID	N(10)	
HOLEID	钻孔 ID	N(10)	
YTRANSID	原传感器 ID	N(10)	
TYPE	采集类型	N(10)	
DEPTH	设计深度	N(8,3)	单位：m
UNIT	数据单位	C(20)	

表 D.14－6　地源热泵系统基本信息(表名:J602_RBXT_JBXX)

字段代码	字段名称	类型及长度	说明
PRJID	工程 ID	N(10)	
PRJNAME	工程名称	C(60)	
SSDW	所属单位	C(50)	
LINKMAN	联系人	C(20)	
TEL	电话	C(20)	
CJDW	承建单位	C(50)	
JZLX	建筑类型	C(50)	
SGRQ	施工日期	T	
JGRQ	竣工日期	T	
KDSJFW	空调设计范围	C(50)	

续表

字段代码	字段名称	类型及长度	说明
SJRFH	设计热负荷	C(50)	
SJLFH	设计冷负荷	C(50)	
KDXTXS	空调系统形式	C(50)	
MDXS	末端形式	C(50)	
MGXS	埋管形式	C(50)	
HRQLX	换热器类型	C(50)	
HRKKJ	换热孔孔径	N(6,3)	单位：cm
HRKGS	换热孔个数	N(6)	
HRKSD	换热孔深度	N(8,3)	单位：m
HRKJJ	换热孔间距	N(8,3)	单位：m
HRGXH	换热管型号	C(50)	
HRGCZ	换热管材质	C(50)	
HTCL	回填材料	C(50)	

表 D.14－7　地源热泵系统主要设备信息(表名:J602_RBXT_ZYSB)

字段代码	字段名称	类型及长度	说明
PRJID	工程 ID	N(10)	
JZSCCJ	机组生产厂家	C(60)	
JZXH	机组型号	C(50)	
JZTS	机组台数	N(3)	
ZLXNZLL	制冷性能制冷量	N(8,3)	
ZLXNSRGL	制冷性能输入功率	N(8,3)	
ZLXNZFQSLL	制冷性能蒸发器水流量	N(8,3)	
ZLXNZFQSZL	制冷性能蒸发器水阻力	N(8,3)	
ZLXNLLQSLL	制冷性能冷凝器水流量	N(8,3)	
ZLXNLLQSZL	制冷性能冷凝器水阻力	N(8,3)	
ZRXNZRL	制热性能制热量	N(8,3)	
ZRXNSRGL	制热性能输入功率	N(8,3)	
ZRXNZFQSLL	制热性能蒸发器水流量	N(8,3)	
ZRXNZFQSZL	制热性能蒸发器水阻力	N(8,3)	
ZRXNLLQSLL	制热性能冷凝器水流量	N(8,3)	
ZRXNLLQSZL	制热性能冷凝器水阻力	N(8,3)	
GWZRXNZRL	高温制热性能制热量	N(8,3)	
GWZRXNSRGL	高温制热性能输入功率	N(8,3)	
DYCSBSCCJ	地源侧水泵生产厂家	C(50)	
DYCSBXH	地源侧水泵型号	C(50)	
DYCSBTS	地源侧水泵台数	N(3)	

续表

字段代码	字段名称	类型及长度	说明
DYCSBEDGL	地源侧水泵额定功率	N(8,3)	
DYCSBYC	地源侧水泵扬程	N(8,3)	
DYCSBSLL	地源侧水泵水流量	N(8,3)	
YHCSBSCCJ	用户侧水泵生产厂家	C(50)	
YHCSBXH	用户侧水泵型号	C(50)	
YHCSBTS	用户侧水泵台数	N(3)	
YHCSBEDGL	用户侧水泵额定功率	N(8,3)	
YHCSBYC	用户侧水泵扬程	N(8,3)	
YHCSBSLL	用户侧水泵水流量	N(8,3)	

表 D.14－8　地源热泵系统监测数据(表名:J602_RBXT_JCSJ)

字段代码	字段名称	类型及长度	说明
TRANSID	传感器 ID	N(10)	
TEMPDATE	采集时间	T	
VALUE	采集值	N(8,3)	可能属于温度/流量/电量/水位

D.15　地应力监测数据表

表 D.15－1　地应力监测站基本信息(表名:J701_JCZ)

字段代码	字段名称	类型及长度	说明
JCZBH	监测站编号	N(10)	
JCZID	监测站 ID	N(10)	
TKCAF	东坐标	N(11,3)	
TKCAG	北坐标	N(11,3)	
CQY	城区域	C(16)	填写:环内、环外、全部
QM	区名	C(16)	
DM	地名	C(32)	
DZ	地址	C(512)	
GSDW	归属单位	C(512)	
LXRID	联系人 ID	N(10)	
JSSJ	建设时间	T	

表 D.15－2　地应力钻孔信息(表名:J701_DYLZK)

字段代码	字段名称	类型及长度	说明
JCZID	监测站 ID	N(10)	
ZKID	钻孔 ID	N(10)	

续表

字段代码	字段名称	类型及长度	说明
ZKBH	钻孔编号	C(20)	
TKCAF	东坐标	N(11,3)	
TKCAG	北坐标	N(11,3)	
CHAJ	孔口标高	N(8,2)	
TKACCA	孔深	N(8,2)	
TKAC	钻孔结构	C(100)	
TKACCRA	开孔孔径	N(5)	
TKACCRB	终孔孔径	N(5)	
TKACCAB	见基岩深	N(8,2)	
JYDC	基岩地层	C(20)	
JYYX	基岩岩性	C(50)	
TKALE	开工日期	C(8)	
TKALF	竣工日期	C(8)	

表 D.15－3 地应力监测点基本信息(表名:J702_JCD)

字段代码	字段名称	类型及长度	说明
ZKID	钻孔 ID	N(10)	
JCDID	监测点 ID	N(10)	
JCDBH	监测点编号	C(20)	
JCDSD	监测点深度	N(8,2)	
JCDYX	监测点岩性	C(50)	
YLCGQLX	应力传感器类型	C(50)	
YLCGQSL	应力传感器数量	N(2)	

表 D.15－4 地应力监测传感器信息(表名:J702_CGQ)

字段代码	字段名称	类型及长度	说明
JCDID	监测点 ID	N(10)	
YLCGQID	应力传感器 ID	N(10)	
YLCGQBH	应力传感器编号	C(20)	
YLCGQAZFX	应力传感器安装方向	C(50)	

表 D.15－5 地应力监测数据(表名:J702_JCSJ)

字段代码	字段名称	类型及长度	说明
YLCGQID	应力传感器 ID	N(10)	
CJSJ	采集时间	T	
SJZ	数据值	N(5)	

附录E　图层属性数据表结构

E.1　基础地质属性数据表

表 E.1－1　地貌类型分区属性数据结构(表名:C102A0_LXFQ)

字段代码	字段名称	类型及长度	说明
CHFCAC	图元编号	N(10)	
PYLXMC	平原类型名称	C(30)	填三角洲平原、滨海平原、湖积平原等
DMLXMC	地貌类型名称	C(30)	
JJSJ	距今时间	C(30)	
PKIIZ	备注	C(200)	

表 E.1－2　地层界线属性数据结构(表名:C103L0_DZJX)

字段代码	字段名称	类型及长度	说明
CHFCAC	图元编号	N(10)	
GZBD	接触关系	C(2)	按 GB/T 9649.21 中 GZBD 项下所列代码填写
JXMC	界线名称	C(30)	
PKIIZ	备注	C(200)	

表 E.1－3　岩石地层分布属性数据结构(表名:C103A0_YSDC)

字段代码	字段名称	类型及长度	说明
CHFCAC	图元编号	N(10)	
DSN	地层名称	C(40)	
DSO	地层符号	C(20)	
DSP	地层时代	C(7)	
YSEB	岩石组合	C(20)	
QDFCF	地层厚度	C(12)	
KCC	矿种	C(60)	
PKIIZ	备注	C(200)	

表 E.1－4　岩性分布属性数据结构(表名:C103A0_LITHOLOGY)

字段代码	字段名称	类型及长度	说明
CHFCAC	图元编号	N(10)	
DSO	地层单位代号	C(20)	
QQQEC	岩性描述	C(200)	
PKIIZ	备注	C(200)	

表 E.1－5　岩相分布属性数据结构(表名:C103A0_LITHOFACIES)

字段代码	字段名称	类型及长度	说明
CHFCAC	图元编号	N(10)	
CJXMC	沉积相名称	C(30)	
GCCAB	沉积物名称	C(60)	
DSN	时代名称	C(20)	
DSP	时代符号	C(20)	
PKIIZ	备注	C(200)	

表 E.1－6　层顶等高线属性数据结构(表名:C103L0_TOPDGX)

字段代码	字段名称	类型及长度	说明
CHFCAC	图元编号	N(10)	
SWGGAO	层顶等高值	N(9,2)	单位:m

表 E.1－7　层底等高线属性数据结构(表名:C103L0_BOTTOMDGX)

字段代码	字段名称	类型及长度	说明
CHFCAC	图元编号	N(10)	
SWGGAO	层底等高值	N(9,2)	

表 E.1－8　厚度等值线属性数据结构(表名:C103L0_HDDZX)

字段代码	字段名称	类型及长度	说明
CHFCAC	图元编号	N(10)	
CHFCAD	图元名称	C(30)	
DCHD	地层厚度	N(7,2)	
PKIIZ	备注	C(200)	

表 E.1－9　变质基底面等深线属性数据结构(表名:C103L0_BZJDM)

字段代码	字段名称	类型及长度	说明
CHFCAC	图元编号	N(10)	
ZLBH	资料编号	C(10)	
DSXZ	等深线值	N(9,2)	
PKIIZ	备注	C(200)	

表 E.1－10　印支侵蚀面等深线属性数据结构(表名:C103L0_YZQSM)

字段代码	字段名称	类型及长度	说明
CHFCAC	图元编号	N(10)	
ZLBH	资料编号	C(10)	
DSXZ	等深线值	N(9,2)	
PKIIZ	备注	C(200)	

表 E.1－11　侵入岩体分布属性数据结构(表名:C104A0_QRY)

字段代码	字段名称	类型及长度	说明
CHFCAC	图元编号	N(10)	
ZLBH	资料编号	C(10)	
QRYBJ	侵入岩体边界	C(1)	
QRYYX	侵入岩体岩性	C(1)	
QRYDH	侵入岩体代号	C(10)	
QRYSD	侵入岩体时代	C(10)	
PKIIZ	备注	C(200)	

表 E.1－12　火山岩分布属性数据结构(表名:C104A0_HSY)

字段代码	字段名称	类型及长度	说明
CHFCAC	图元编号	N(10)	
ZLBH	资料编号	C(10)	
HSYYX	火山岩岩性	C(200)	
HSYDH	火山岩代号	C(10)	
HSYSD	火山岩时代	C(10)	
PKIIZ	备注	C(200)	

表 E.1－13　火山口属性数据结构(表名:C104P0_HSK)

字段代码	字段名称	类型及长度	说明
CHFCAC	图元编号	N(10)	
HSDE	火山口类型	C(10)	例如:爆发火山口、锅状火山口、塌陷火山口等
HSDI	火山口名称	C(40)	
PKIIZ	备注	C(200)	

表 E.1－14　断裂属性数据结构(表名:C105L0_DL)

字段代码	字段名称	类型及长度	说明
CHFCAC	图元编号	N(10)	
ZLBH	资料编号	C(10)	
DCMC	断层名称	C(50)	
DCBH	断层编号	C(10)	
DCJB	级别	C(4)	
DCXZ	性质	C(1)	1—正断层;2—逆断层;3—走滑断层;4—性质不明断层
DCDTZ	断层带特征	C(200)	
DCYS	断层岩	C(100)	
DCMCZ1	断层面走向	C(20)	

续表

字段代码	字段名称	类型及长度	说明
DCMCZ2	断层面倾向	C(20)	
DCMCZ3	断层面倾角	C(20)	
DCWZ	位置	C(200)	
DCGM	规模	C(200)	
CZDJ	垂直断距	N(7,2)	
SPDJ	水平断距	N(7,2)	
SBDC	上盘地层	C(20)	
XBDC	下盘地层	C(20)	
CJQC	时间期次	C(20)	
WTTZ	物探特征	C(200)	
YGJY	遥感标志	C(200)	
XGZTZ	新构造特征	C(200)	
HDSD	显著活动时代	C(10)	
DSP	地质时代	C(50)	
PKIIZ	备注	C(200)	

表 E.1-15 褶皱属性数据结构(表名:C105L0_ZZ)

字段代码	字段名称	类型及长度	说明
CHFCAC	图元编号	N(10)	
ZLBH	资料编号	C(10)	
ZZMC	褶皱名称	C(20)	
ZZBH	褶皱编号	C(10)	
ZZFDH	分段号	C(10)	
ZZJB	级别	C(4)	
ZZBXX	背向斜	C(10)	
ZZDC	褶皱地层	C(20)	
ZZLX	褶皱类型	C(1)	1—顶厚褶皱;2—等厚褶皱;3—顶薄褶皱;4—相似褶皱;5—S型不对称褶皱;6—Z型不对称褶皱;7—揉流褶皱
ZZZMCZ	轴面产状	C(20)	
ZZZCCZ	褶轴产状	C(20)	
ZZSJQC	时间期次	C(10)	
WTTZ	物探特征	C(200)	
YGBZ	遥解标志	C(200)	
PKIIZ	备注	C(200)	

表 E.1-16　盆地属性数据结构(表名:C105A0_PD)

字段代码	字段名称	类型及长度	说明
CHFCAC	图元编号	N(10)	
ZLBH	资料编号	C(10)	
PDLX	盆地类型	C(20)	
PDMC	盆地名称	C(30)	
TZMS	特征描述	C(200)	
PKIIZ	备注	C(200)	

表 E.1-17　构造分区属性数据结构(表名:C105A0_GZFQ)

字段代码	字段名称	类型及长度	说明
CHFCAC	图元编号	N(10)	
ZLBH	资料编号	C(10)	
GZFQLX	构造分区类型	C(2)	
PKIIZ	备注	C(200)	

表 E.1-18　构造层分布属性数据结构(表名:C105A0_GZFQ)

字段代码	字段名称	类型及长度	说明
CHFCAC	图元编号	N(10)	
GZCMC	构造层名称	C(40)	
PKIIZ	备注	C(200)	

表 E.1-19　地质遗迹点属性数据结构(表名:C106P0_DZYJ)

字段代码	字段名称	类型及长度	说明
HERITAGEID	遗迹编号	C(12)	
AREAID	集中区号	C(12)	
HERITAGENAME	遗迹名称	C(12)	
FIELDID	野外编号	C(12)	
INDOORID	室内编号	C(12)	
SUBCLASS	遗迹类型	C(7)	
LOCATION	地理位置	C(50)	
TKCAF	东坐标	N(11,3)	
TKCAG	北坐标	N(11,3)	
ELEVATION	标高	N(8,2)	单位:m
HERITAGEDESCRIBE	遗迹描述	C(200)	
HERITAGE_CLASS	评定等级	C(10)	
ADVICELEVEL	建议保护等级	C(10)	
SCIENCEVALUE	科学价值	C(50)	
NATUTALINTEGRITY	自然完整性	C(50)	

续表

字段代码	字段名称	类型及长度	说明
RARITY	稀有性	C(20)	
HISTORICALCULTURALVALUE	历史文化价值	C(50)	
ORNAMENTALVALUE	观赏价值	C(50)	
BEAUTIFUL	美学价值	C(50)	
PROTECTDEGREE	保护程度	C(50)	
PROTECTPROBABILITY	保护可行性	C(50)	
SECURITY	保护现状	C(50)	
ACCESSIBLE	交通通达性	C(50)	
TRAVELCAPACITY	旅游容量	C(50)	
FILLTABLE	填表	C(50)	
REVIEWERS	审核	C(50)	
FILLTABLEDATE	填表日期	T	
INVESTIGATIONUNIT	调查单位	C(50)	

表 E.1－20 地质遗迹集中区属性数据结构(表名:C106A0_DZYJ)

字段代码	字段名称	类型及长度	说明
AREAID	集中区号	C(12)	
AREANAME	集中区名	C(12)	
AREAACREAGE	集中区面积	N(10,2)	
TKCAF	东坐标	N(11,3)	
TKCAG	北坐标	N(11,3)	
ELEVATION	标高	N(8,2)	单位:m
SUBCLASS	亚类	C(7)	
FEATURESDESCRIPTION	特征描述	C(200)	
FEATURESPARAMETER	特征参数	C(200)	
AREAGEOGENIC	地质成因	C(200)	

表 E.1－21 地震震中属性数据结构(表名:C107P0_DZZZ)

字段代码	字段名称	类型及长度	说明
CHFCAC	图元编号	N(10)	
SEISMID	地震序号	N(6)	
PREVID	原序号	N(6)	
SEISMDATE	发震日期	T	
SEISMTIME	发震时间	T	
TKCAF	东坐标	N(11,3)	
TKCAG	北坐标	N(11,3)	
SEISMDEP	深度	N(6,2)	

续表

字段代码	字段名称	类型及长度	说明
SEISMMS	地震震级	N(5,2)	
SEISMINTN	震中烈度	N(5,1)	
SEISMACCU	精度	N(4)	
REFLOCAT	参考位置	C(50)	
PKIIZ	备注	C(200)	

表 E.1－22　地震烈度分区属性数据结构(表名:C107A0_DZLD)

字段代码	字段名称	类型及长度	说明
CHFCAC	图元编号	N(10)	
FQMC	分区名称	C(40)	
SEISMINTN	烈度	N(5,1)	
PKIIZ	备注	C(200)	

表 E.1－23　稳定性分区属性数据结构(表名:C107A0_WDXFQ)

字段代码	字段名称	类型及长度	说明
CHFCAC	图元编号	N(10)	
FQMC	分区名称	C(40)	
PKIIZ	备注	C(200)	

表 E.1－24　基岩面等深线属性数据结构(表名:C108L0_JYM)

字段代码	字段名称	类型及长度	说明
CHFCAC	图元编号	N(10)	
ZLBH	资料编号	C(10)	
DSZ	等深值	N(9,2)	
PKIIZ	备注	C(200)	

表 E.1－25　居里面等深线属性数据结构(表名:C108L0_JLM)

字段代码	字段名称	类型及长度	说明
CHFCAC	图元编号	N(10)	
ZLBH	资料编号	C(10)	
DSZ	等深值	N(9,2)	
PKIIZ	备注	C(200)	

表 E.1－26　莫霍面等深线属性数据结构(表名:C108L0_MHM)

字段代码	字段名称	类型及长度	说明
CHFCAC	图元编号	N(10)	
ZLBH	资料编号	C(10)	
DSZ	等深值	N(9,2)	

续表

字段代码	字段名称	类型及长度	说明
PKIIZ	备注	C(200)	

表 E.1－27　变质基底面等深线属性数据结构(表名:C108L0_BZJDM)

字段代码	字段名称	类型及长度	说明
CHFCAC	图元编号	N(10)	
ZLBH	资料编号	C(10)	
DSZ	等深值	N(9,2)	
PKIIZ	备注	C(200)	

表 E.1－28　印支侵蚀面等深线属性数据结构(表名:C108L0_YZQSM)

字段代码	字段名称	类型及长度	说明
CHFCAC	图元编号	N(10)	
ZLBH	资料编号	C(10)	
DSZ	等深值	N(9,2)	
PKIIZ	备注	C(200)	

E.2　水文地质属性数据表

表 E.2－1　含水层厚度等值线属性数据结构(表名: C202L0_HD_ **)

字段代码	字段名称	类型及长度	说明
CHFCAC	图元编号	N(10)	
CHFCAD	图元名称	C(20)	
SWBFI	含水层编号	C(20)	
SWBFEG	含水层厚度	N(7,2)	
PKIIZ	备注	C(200)	

表 E.2－2　含水层顶板埋深等值线属性表结构(表名: C202L0_TOP_ **)

字段代码	字段名称	类型及长度	说明
CHFCAC	图元编号	N(10)	
CHFCAD	图元名称	C(20)	
SWBFI	含水层编号	C(20)	
SWBFEE	含水层顶板埋深	N(7,2)	
PKIIZ	备注	C(200)	

表 E.2－3　含水层底板埋深等值线属性表结构(表名: C202L0_BOTTOM_ **)

字段代码	字段名称	类型及长度	说明
CHFCAC	图元编号	N(10)	

续表

字段代码	字段名称	类型及长度	说明
CHFCAD	图元名称	C(20)	
SWBFI	含水层编号	C(20)	
SWBFEJ	含水层底板埋深	N(7,2)	
PKIIZ	备注	C(200)	

表 E.2－4　含水层地质结构分区属性表结构(表名: C202A0_DZJG_ **)

字段代码	字段名称	类型及长度	说明
CHFCAC	图元编号	N(10)	
CHFCAD	图元名称	C(20)	
SWBFI	含水层编号	C(20)	
DZJGFQ	地质结构分区	C(60)	
PKIIZ	备注	C(200)	

表 E.2－5　含水层沉积环境分区属性表结构(表名: C202A0_CJHJ_ **)

字段代码	字段名称	类型及长度	说明
CHFCAC	图元编号	N(10)	
CHFCAD	图元名称	C(20)	
SWBFI	含水层编号	C(20)	
CJHJFQ	沉积环境分区	C(60)	
PKIIZ	备注	C(200)	

表 E.2－6　储水系数等值线属性表结构(表名: C203L0_CSXS_ **)

字段代码	字段名称	类型及长度	说明
CHFCAC	图元编号	N(10)	
CHFCAA	图元分类码	C(10)	
CHFCAD	图元名称	C(30)	
SWBFI	含水层编号	C(20)	
SWGGAL	储水系数	N(10,6)	
PKIIZ	备注	C(200)	

表 E.2－7　渗透系数等值线属性表结构 (表名: C203L0_STXS_ **)

字段代码	字段名称	类型及长度	说明
CHFCAC	图元编号	N(10)	
CHFCAA	图元分类码	C(10)	
CHFCAD	图元名称	C(30)	
SWGGAA	渗透系数	N(7,2)	单位:m/d
PKIIZ	备注	C(200)	

表 E.2-8 导水系数等值线属性表结构（表名：C203L0_DSXS_**）

字段代码	字段名称	类型及长度	说明
CHFCAC	图元编号	N(10)	
CHFCAA	图元分类码	C(10)	
CHFCAD	图元名称	C(30)	
SWGGAO	导水系数	N(7,2)	
PKIIZ	备注	C(200)	

表 E.2-9 水化学类型属性数据结构（表名：C204A0_SHXLX_**）

字段代码	字段名称	类型及长度	说明
CHFCAC	图元编号	N(10)	
SWBFI	含水层编号	C(20)	
SWFCB	水化学类型	C(2)	编码引自 GB/T 9649
JCSJ	监测时间	T	
PKIIZ	备注	C(200)	

表 E.2-10 单要素含量分区属性表结构（表名：C204A0_HL_**_##）

字段代码	字段名称	类型及长度	说明
CHFCAC	图元编号	N(10)	
SWBFI	含水层编号	C(20)	
SWBF	含水层名称	C(20)	
SWFHF	离子名称	C(20)	
SWFHV	含量值上限	N(10,2)	
SWFHU	含量值下限	N(10,2)	
PKIIZ	备注	C(200)	

表 E.2-11 单要素检出超标(项数)属性表结构（表名：C204P0_CB_**_##）

字段代码	字段名称	类型及长度	说明
CHFCAC	图元编号	N(10)	
SWBFI	含水层编号	C(20)	
SWBF	含水层名称	C(20)	
SWFHF	离子名称	C(20)	
JCZK	检出状况	C(20)	
PKIIZ	备注	C(200)	

表 E.2-12 单要素质量评价属性表结构（表名：C204A0_ZLPJ_**_##）

字段代码	字段名称	类型及长度	说明
CHFCAC	图元编号	N(10)	
SWBFI	含水层编号	C(20)	
SWBF	含水层名称	C(20)	

字段代码	字段名称	类型及长度	说明
SWFHF	离子名称	C(20)	
SWFMIX	地下水质量	C(50)	填写：Ⅰ类水、Ⅱ类水、Ⅲ类水、Ⅳ类水、Ⅴ类水
SWFHIY	地下水质量代码	C(1)	取值：1—Ⅰ类水；2—Ⅱ类水；3—Ⅲ类水；4—Ⅳ类水；5—Ⅴ类水
PKIIZ	备注	C(200)	

表 E.2－13　单要素污染评价属性表数据结构（表名：C204A0_WRPJ_ ** _##）

字段代码	字段名称	类型及长度	说明
CHFCAC	图元编号	N(10)	
SWBFI	含水层编号	C(20)	
SWBF	含水层名称	C(20)	
SWFHF	离子名称	C(20)	
SWFMH	污染评价	C(30)	填写：未污染、轻污染、中污染、较重污染、严重污染、极重污染
SWFMHA	污染评价代码	C(1)	取值：1—未污染；2—轻污染；3—中污染；4—较重污染；5—严重污染；6—极重污染
PKIIZ	备注	C(200)	

表 E.2－14　地下水防污性能分区属性表结构(表名：C204A0_FWXN)

字段代码	字段名称	类型及长度	说明
CHFCAC	图元编号	N(10)	
SWFMH	综合评判	C(30)	取值：差、较差、中等、较好、好
SWFMHA	综合评判代码	C(1)	取值：1—差；2—较差；3—中等；4—较好；5—好
SWFMIV	评价分值	C(10)	填写评价分值区间，如100～80，80～60，60～40，40～20，<20
SWFMIW	防污性能描述	C(100)	
SWIEFI	防治建议	C(100)	
PKIIZ	备注	C(200)	

表 E.2－15　污染防治区划分区属性表结构(表名：C204A0_WRFZ)

字段代码	字段名称	类型及长度	说明
CHFCAC	图元编号	N(10)	

续表

字段代码	字段名称	类型及长度	说明
SWFMH	污染防治区划	C(30)	取值:自然保护区、一般防护区、修复治理防护区、重点防护区、重要地下水水源保护区
SWFMHA	污染防治区划代码	C(1)	1—自然保护区;2——般防护区;3—修复治理防护区;4—重点防护区;5—重要地下水水源保护区
PKIIZ	备注	C(200)	

表 E.2-16 地下水水位分布属性表结构(表名:C205L0_SW_ **)

字段代码	字段名称	类型及长度	说明
CHFCAC	图元编号	N(10)	
CHFCAA	图元分类码	C(10)	
CHFCAD	图元名称	C(30)	
SWBFI	含水层编号	C(20)	
SWBFER	水位标高	N(7,2)	
JCSJ	监测时间	T	
PKIIZ	备注	C(200)	

表 E.2-17 地下水水位变幅属性表结构(表名:C205L0_SWBF_ **)

字段代码	字段名称	类型及长度	说明
CHFCAC	图元编号	N(10)	
CHFCAA	图元分类码	C(10)	
CHFCAD	图元名称	C(30)	
SWBFI	含水层编号	C(20)	
SWDDAA	起始年份	T	
SWDDAB	结束年份	T	
SWEGBE	水位多年变幅	N(7,2)	
PKIIZ	备注	C(200)	

表 E.2-18 地下水富水性属性表结构(表名:C205A0_FSX_ **)

字段代码	字段名称	类型及长度	说明
CHFCAC	图元编号	N(10)	
SWBFI	含水层编号	C(20)	
SWBFF	富水性等级	C(1)	1—水量极丰富;2—水量丰富;3—水量中等;4—水量贫乏;5—水量极贫乏
SWDDBW	单位涌水量	N(10,1)	
PKIIZ	备注	C(200)	

表 E.2－19　地下水资源评价分区属性数据结构(表名: C205A0_ZYPJ_**)

字段代码	字段名称	类型及长度	说明
CHFCAC	图元编号	N(10)	
SWBFI	含水层编号	C(20)	
SWIBHT	可开采资源模数	C(17)	
PJFQ	评价分区	C(40)	
PKIIZ	备注	C(200)	

表 E.2－20　地下水开采利用现状分区属性数据结构(表名: C205A0_KCLYXZ_**)

字段代码	字段名称	类型及长度	说明
CHFCAC	图元编号	N(10)	
SWBFI	含水层编号	C(20)	
SWIBHS	现状开采模数	C(17)	
XZFQ	现状分区	C(40)	
PKIIZ	备注	C(200)	

表 E.2－21　地下水开采程度分区属性数据结构(表名:C205A0_KCCD_**)

字段代码	字段名称	类型及长度	说明
CHFCAC	图元编号	N(10)	
SWBFI	含水层编号	C(20)	
SWIBHS	现状开采模数	C(17)	
CDFQ	程度分区	C(40)	
PKIIZ	备注	C(200)	

表 E.2－22　地下水超采区划分属性数据结构(表名: C205A0_CCQ_**)

字段代码	字段名称	类型及长度	说明
CHFCAC	图元编号	N(10)	
SWBFI	含水层编号	C(20)	
CDFQ	超采分区	C(40)	
PKIIZ	备注	C(200)	

E.3　工程地质属性数据表

表 E.3－1　工程地质层厚度等值线属性数据结构(表名: C302L0_HD_**)

字段代码	字段名称	类型及长度	说明
CHFCAC	图元编号	N(10)	
CHFCAA	图元分类码	N(6)	
CHFCAD	图元名称	C(30)	
GCFCAE	厚度值	N(7,2)	

续表

字段代码	字段名称	类型及长度	说明
PKIIZ	备注	C(200)	

表 E.3－2　工程地质层顶标高等值线属性数据结构(表名:C302L0_BG_ **)

字段代码	字段名称	类型及长度	说明
CHFCAC	图元编号	N(10)	
CHFCAA	图元分类码	N(6)	
CHFCAD	图元名称	C(30)	
GCFCAE	层顶标高	N(7,2)	
PKIIZ	备注	C(200)	

表 E.3－3　工程地质厚度与缺失区属性数据结构(表名:C302A0_QSQ_ **)

字段代码	字段名称	类型及长度	说明
CHFCAC	图元编号	N(10)	
CHFCAA	图元分类码	N(6)	
CHFCAD	图元名称	C(30)	
GCFCAE	图元特征	C(30)	厚度范围,如 3.5～5;若为缺失,则为 0
PKIIZ	备注	C(200)	

表 E.3－4　工程地质分区属性数据结构(表名:C303A0_GCDZFQ)

字段代码	字段名称	类型及长度	说明
CHFCAC	图元编号	N(10)	
CHFCAA	图元分类码	N(6)	
CHFCAD	图元名称	C(30)	
GCICA1	区名	C(30)	
GCICA2	亚区名	C(60)	
GCICA3	块名	C(60)	
GCJHC1	工程地质特征	C(300)	
GCJHC3	工程地质评价	C(300)	
PKIIZ	备注	C(200)	

表 E.3－5　工程地质分区界线属性数据结构(表名:C303L0_GCDZFQJX)

字段代码	字段名称	类型及长度	说明
CHFCAC	图元编号	N(10)	
CHFCAA	图元分类码	N(6)	
CHFCAD	图元名称	C(30)	
GCICA	分区界线	C(20)	
PKIIZ	备注	C(200)	

表 E.3-6　天然地基工程建设适宜性评价属性数据结构(表名：C304A0_TRDJSYX)

字段代码	字段名称	类型及长度	说明
CHFCAC	图元编号	N(10)	
CHFCAA	图元分类码	N(6)	
CHFCAD	图元名称	C(30)	
GCFCAD	分区名称	C(30)	
GCGBAA	地基种类	C(2)	
GCJHC1	工程地质特征	C(300)	
GCJHC3	工程地质评价	C(300)	
PKIIZ	备注	C(200)	

表 E.3-7　建筑桩基工程建设适宜性评价属性数据结构(表名：C304A0_JZZJSYX)

字段代码	字段名称	类型及长度	说明
CHFCAC	图元编号	N(10)	
CHFCAA	图元分类码	N(6)	
CHFCAD	图元名称	C(24)	
GCFCAD	分区名称	C(30)	
GCJHC1	工程地质特征	C(300)	
GCJHC3	工程地质评价	C(300)	
PKIIZ	备注	C(200)	

表 E.3-8　地下空间开发适宜性评价属性数据结构(表名：C304A0_DXKJSYX)

字段代码	字段名称	类型及长度	说明
CHFCAC	图元编号	N(10)	
CHFCAA	图元分类码	N(6)	
CHFCAD	图元名称	C(24)	
GCFCAD	分区名称	C(30)	
GCJHC1	工程地质特征	C(300)	
GCJHC3	工程地质评价	C(300)	
PKIIZ	备注	C(200)	

E.4　地球物理属性数据表

表 E.4-1　布格重力异常剖面图属性数据结构(表名:C401L0_BGZLYC)

字段代码	字段名称	类型及长度	说明
CHFCAC	图元编号	N(10)	
DZXZ	等值线值	N(10,2)	

续表

字段代码	字段名称	类型及长度	说明
YTGD	延拓高度	N(7,2)	
PKIIZ	备注	C(200)	

表 E.4－2　磁场平面等值线属性数据结构(表名:C402L0_CCPMDZX)

字段代码	字段名称	类型及长度	说明
CHFCAC	图元编号	N(10)	
DZXZ	等值线值	N(10,2)	
PKIIZ	备注	C(200)	

表 E.4－3　直流电法平面等值线属性数据结构(表名:C403L0_PMDZX)

字段代码	字段名称	类型及长度	说明
CHFCAC	图元编号	N(10)	
DZXZ	等值线值	N(10,2)	
PKIIZ	备注	C(200)	

表 E.4－4　电磁法平面等值线属性数据结构(表名: C404L0_PMDZX)

字段代码	字段名称	类型及长度	说明
CHFCAC	图元编号	N(10)	
DZXZ	等值线值	N(10,2)	
PKIIZ	备注	C(200)	

表 E.4－5　电性标志层解释等深线属性数据结构(表名: C404L0_DBZCJSDSX)

字段代码	字段名称	类型及长度	说明
CHFCAC	图元编号	N(10)	
DSXZ	等深线值	N(10,2)	
PKIIZ	备注	C(200)	

表 E.4－6　电性标志层解释等厚线属性数据结构(表名: C404L0_DBZCJSDHX)

字段代码	字段名称	类型及长度	说明
CHFCAC	图元编号	N(10)	
DHXZ	等厚线值	N(10,2)	
PKIIZ	备注	C(200)	

表 E.4－7　放射性平面等值线属性数据结构(表名:C406L0_PMDZX)

字段代码	字段名称	类型及长度	说明
CHFCAC	图元编号	N(10)	
DZXZ	等值线值	N(10,2)	
PKIIZ	备注	C(200)	

表 E.4－8　地温测量平面等温线属性数据结构(表名: C407L0_PMDWX)

字段代码	字段名称	类型及长度	说明
CHFCAC	图元编号	N(10)	
DWXZ	等温线值	N(10,2)	
PKIIZ	备注	C(200)	

E.5　地球化学属性数据表

表 E.5－1　地表水地球化学等值线(表名:C501L0_DMS_ ** _##)

字段代码	字段名称	类型及长度	说明
CHFCAC	图元编号	N(10)	
HTDZXV	等值线值	N(10)	
PKIIZ	备注	C(200)	

表 E.5－2　地表水地球化学异常(表名:C501L1_DMS_ ** _##)

字段代码	字段名称	类型及长度	说明
CHFCAC	图元编号	N(10)	
HTDZXV	异常下限	N(10,2)	
HTYCA	异常面积	N(10,2)	
HTMAX	最大值	N(10,2)	
HTMIN	最小值	N(10,2)	
HTAVG	平均值	N(10,2)	
HTDEV	标准差	N(10,2)	
HTHJDZ	景观特征	C(200)	
PKIIZ	备注	C(200)	

表 E.5－3　地表水地球化学组合异常(表名:C501L2_DMS_ ** _##)

字段代码	字段名称	类型及长度	说明
CHFCAC	图元编号	N(10)	
HTYSZH	元素组合	C(200)	
HTYCA	异常面积	N(10,2)	
HTYCTZ	组合异常特征	C(200)	
HTHJDZ	景观特征	C(200)	
PKIIZ	备注	C(200)	

表 E.5－4　浅层地下水地球化学等值线(表名:C501L0_DXS_ ** _##)

字段代码	字段名称	类型及长度	说明
CHFCAC	图元编号	N(10)	
HTDZXV	等值线值	N(10)	
PKIIZ	备注	C(200)	

表 E.5－5　浅层地下水地球化学异常(表名:C501L1_DXS_ ** _##)

字段代码	字段名称	类型及长度	说明
CHFCAC	图元编号	N(10)	
HTDZXV	异常下限	N(10,2)	
HTYCA	异常面积	N(10,2)	
HTMAX	最大值	N(10,2)	
HTMIN	最小值	N(10,2)	
HTAVG	平均值	N(10,2)	
HTDEV	标准差	N(10,2)	
HTHJDZ	景观特征	C(200)	
PKIIZ	备注	C(200)	

表 E.5－6　浅层地下水地球化学组合异常(表名:C501L2_DXS_ ** _##)

字段代码	字段名称	类型及长度	说明
CHFCAC	图元编号	N(10)	
HTYSZH	元素组合	C(200)	
HTYCA	异常面积	N(10,2)	
HTYCTZ	组合异常特征	C(200)	
HTHJDZ	景观特征	C(200)	
PKIIZ	备注	C(200)	

表 E.5－7　表层土壤地球化学等值线(表名:C501L0_BCT_ ** _##)

字段代码	字段名称	类型及长度	说明
CHFCAC	图元编号	N(10)	
HTDZXV	等值线值	N(10)	
PKIIZ	备注	C(200)	

表 E.5－8　表层土壤地球化学异常(表名:C501L1_BCT_ ** _##)

字段代码	字段名称	类型及长度	说明
CHFCAC	图元编号	N(10)	
HTDZXV	异常下限	N(10,2)	
HTYCA	异常面积	N(10,2)	
HTMAX	最大值	N(10,2)	
HTMIN	最小值	N(10,2)	
HTAVG	平均值	N(10,2)	
HTDEV	标准差	N(10,2)	
HTHJDZ	景观特征	C(200)	
PKIIZ	备注	C(200)	

表 E.5－9　表层土壤地球化学组合异常(表名:C501L2_BCT_**_##)

字段代码	字段名称	类型及长度	说明
CHFCAC	图元编号	N(10)	
HTYSZH	元素组合	C(200)	
HTYCA	异常面积	N(10,2)	
HTYCTZ	组合异常特征	C(200)	
HTHJDZ	景观特征	C(200)	
PKIIZ	备注	C(200)	

表 E.5－10　深层土壤地球化学等值线(表名:C501L0_SCT_**_##)

字段代码	字段名称	类型及长度	说明
CHFCAC	图元编号	N(10)	
HTDZXV	等值线值	N(10)	
PKIIZ	备注	C(200)	

表 E.5－11　深层土壤地球化学异常(表名:C501L1_SCT_**_##)

字段代码	字段名称	类型及长度	说明
CHFCAC	图元编号	N(10)	
HTDZXV	异常下限	N(10,2)	
HTYCA	异常面积	N(10,2)	
HTMAX	最大值	N(10,2)	
HTMIN	最小值	N(10,2)	
HTAVG	平均值	N(10,2)	
HTDEV	标准差	N(10,2)	
HTHJDZ	景观特征	C(200)	
PKIIZ	备注	C(200)	

表 E.5－12　深层土壤地球化学组合异常(表名:C501L2_SCT_**_##)

字段代码	字段名称	类型及长度	说明
CHFCAC	图元编号	N(10)	
HTYSZH	元素组合	C(200)	
HTYCA	异常面积	N(10,2)	
HTYCTZ	组合异常特征	C(200)	
HTHJDZ	景观特征	C(200)	
PKIIZ	备注	C(200)	

表 E.5－13　表层湖积物地球化学等值线(表名:C501L0_BCHJW_ ** _##)

字段代码	字段名称	类型及长度	说明
CHFCAC	图元编号	N(10)	
HTDZXV	等值线值	N(10)	
PKIIZ	备注	C(200)	

表 E.5－14　表层湖积物地球化学异常(表名:C501L1_BCHJW_ ** _##)

字段代码	字段名称	类型及长度	说明
CHFCAC	图元编号	N(10)	
HTDZXV	异常下限	N(10,2)	
HTYCA	异常面积	N(10,2)	
HTMAX	最大值	N(10,2)	
HTMIN	最小值	N(10,2)	
HTAVG	平均值	N(10,2)	
HTDEV	标准差	N(10,2)	
HTHJDZ	景观特征	C(200)	
PKIIZ	备注	C(200)	

表 E.5－15　表层湖积物地球化学组合异常(表名:C501L2_BCHJW_ ** _##)

字段代码	字段名称	类型及长度	说明
CHFCAC	图元编号	N(10)	
HTYSZH	元素组合	C(200)	
HTYCA	异常面积	N(10,2)	
HTYCTZ	组合异常特征	C(200)	
HTHJDZ	景观特征	C(200)	
PKIIZ	备注	C(200)	

表 E.5－16　深层湖积物地球化学等值线(表名:C501L0_SCHJW_ ** _##)

字段代码	字段名称	类型及长度	说明
CHFCAC	图元编号	N(10)	
HTDZXV	等值线值	N(10)	
PKIIZ	备注	C(200)	

表 E.5－17　深层湖积物地球化学异常(表名:C501L1_SCHJW_ ** _##)

字段代码	字段名称	类型及长度	说明
CHFCAC	图元编号	N(10)	
HTDZXV	异常下限	N(10,2)	
HTYCA	异常面积	N(10,2)	

续表

字段代码	字段名称	类型及长度	说明
HTMAX	最大值	N(10,2)	
HTMIN	最小值	N(10,2)	
HTAVG	平均值	N(10,2)	
HTDEV	标准差	N(10,2)	
HTHJDZ	景观特征	C(200)	
PKIIZ	备注	C(200)	

表 E.5-18　深层湖积物地球化学组合异常(表名:C501L2_SCHJW__##)**

字段代码	字段名称	类型及长度	说明
CHFCAC	图元编号	N(10)	
HTYSZH	元素组合	C(200)	
HTYCA	异常面积	N(10,2)	
HTYCTZ	组合异常特征	C(200)	
HTHJDZ	景观特征	C(200)	
PKIIZ	备注	C(200)	

表 E.5-19　近岸海域表层沉积物地球化学等值线(表名:C501L0_HYBC__##)**

字段代码	字段名称	类型及长度	说明
CHFCAC	图元编号	N(10)	
HTDZXV	等值线值	N(10)	
PKIIZ	备注	C(200)	

表 E.5-20　近岸海域表层沉积物地球化学异常(表名:C501L1_HYBC__##)**

字段代码	字段名称	类型及长度	说明
CHFCAC	图元编号	N(10)	
HTDZXV	异常下限	N(10,2)	
HTYCA	异常面积	N(10,2)	
HTMAX	最大值	N(10,2)	
HTMIN	最小值	N(10,2)	
HTAVG	平均值	N(10,2)	
HTDEV	标准差	N(10,2)	
HTHJDZ	景观特征	C(200)	
PKIIZ	备注	C(200)	

表 E.5-21　近岸海域表层沉积物地球化学组合异常(表名:C501L2_HYBC__##)**

字段代码	字段名称	类型及长度	说明
CHFCAC	图元编号	N(10)	
HTYSZH	元素组合	C(200)	

续表

字段代码	字段名称	类型及长度	说明
HTYCA	异常面积	N(10,2)	
HTYCTZ	组合异常特征	C(200)	
HTHJDZ	景观特征	C(200)	
PKIIZ	备注	C(200)	

表 E.5-22 近岸海域深层沉积物地球化学等值线(表名:C501L0_HYSC_ ** _##)

字段代码	字段名称	类型及长度	说明
CHFCAC	图元编号	N(10)	
HTDZXV	等值线值	N(10)	
PKIIZ	备注	C(200)	

表 E.5-23 近岸海域深层沉积物地球化学异常(表名:C501L1_HYSC_ ** _##)

字段代码	字段名称	类型及长度	说明
CHFCAC	图元编号	N(10)	
HTDZXV	异常下限	N(10,2)	
HTYCA	异常面积	N(10,2)	
HTMAX	最大值	N(10,2)	
HTMIN	最小值	N(10,2)	
HTAVG	平均值	N(10,2)	
HTDEV	标准差	N(10,2)	
HTHJDZ	景观特征	C(200)	
PKIIZ	备注	C(200)	

表 E.5-24 近岸海域深层沉积物地球化学组合异常(表名:C501L2_HYSC_ ** _##)

字段代码	字段名称	类型及长度	说明
CHFCAC	图元编号	N(10)	
HTYSZH	元素组合	C(200)	
HTYCA	异常面积	N(10,2)	
HTYCTZ	组合异常特征	C(200)	
HTHJDZ	景观特征	C(200)	
PKIIZ	备注	C(200)	

表 E.5-25 地表水单指标环境质量评价(表名:C503A0_DMS_ ** _##)

字段代码	字段名称	类型及长度	说明
CHFCAC	图元编号	N(10)	
PKIIA	指标编码	N(10)	
PJZBLX	指标类型	C(10)	
PJZB	指标名称	C(10)	

续表

字段代码	字段名称	类型及长度	说明
PJZBFH	指标符号	C(10)	
PJZBDW	指标单位	C(10)	
PJZBHY	指标含义	C(10)	
PJZBLY	指标来源	C(10)	
PJDJ	代表等级	C(10)	
HTZHQA	评价区面积	N(10)	
PKIIZ	备注	C(200)	

表 E.5－26 地表水综合指标环境质量评价(表名:C503A1_DMS_ ** _##)

字段代码	字段名称	类型及长度	说明
CHFCAC	图元编号	N(10)	
HTZHQA	评价区面积	N(10)	
HTJHZL	质量等级	C(10)	
HTZHPJ	特征评价	C(10)	
PKIIZ	备注	C(200)	

表 E.5－27 浅层地下水单指标环境质量评价(表名:C503A0_DXS_ ** _##)

字段代码	字段名称	类型及长度	说明
CHFCAC	图元编号	N(10)	
PKIIA	指标编码	N(10)	
PJZBLX	指标类型	C(10)	
PJZB	指标名称	C(10)	
PJZBFH	指标符号	C(10)	
PJZBDW	指标单位	C(10)	
PJZBHY	指标含义	C(10)	
PJZBLY	指标来源	C(10)	
PJDJ	代表等级	C(10)	
HTZHQA	评价区面积	N(10)	
PKIIZ	备注	C(200)	

表 E.5－28 浅层地下水综合指标环境质量评价(表名:C503A1_DXS_ ** _##)

字段代码	字段名称	类型及长度	说明
CHFCAC	图元编号	N(10)	
HTZHQA	评价区面积	N(10)	
HTJHZL	质量等级	C(10)	
HTZHPJ	特征评价	C(10)	
PKIIZ	备注	C(200)	

表 E.5－29　表层土壤单指标环境质量评价(表名:C503A0_BCT_ ** _##)

字段代码	字段名称	类型及长度	说明
CHFCAC	图元编号	N(10)	
PKIIA	指标编码	N(10)	
PJZBLX	指标类型	C(10)	
PJZB	指标名称	C(10)	
PJZBFH	指标符号	C(10)	
PJZBDW	指标单位	C(10)	
PJZBHY	指标含义	C(10)	
PJZBLY	指标来源	C(10)	
PJDJ	代表等级	C(10)	
HTZHQA	评价区面积	N(10)	
PKIIZ	备注	C(200)	

表 E.5－30　表层土壤综合指标环境质量评价(表名:C503A1_BCT_ ** _##)

字段代码	字段名称	类型及长度	说明
CHFCAC	图元编号	N(10)	
HTZHQA	评价区面积	N(10)	
HTJHZL	质量等级	C(10)	
HTZHPJ	特征评价	C(10)	
PKIIZ	备注	C(200)	

表 E.5－31　深层土壤单指标环境质量评价(表名:C503A0_SCT_ ** _##)

字段代码	字段名称	类型及长度	说明
CHFCAC	图元编号	N(10)	
PKIIA	指标编码	N(10)	
PJZBLX	指标类型	C(10)	
PJZB	指标名称	C(10)	
PJZBFH	指标符号	C(10)	
PJZBDW	指标单位	C(10)	
PJZBHY	指标含义	C(10)	
PJZBLY	指标来源	C(10)	
PJDJ	代表等级	C(10)	
HTZHQA	评价区面积	N(10)	
PKIIZ	备注	C(200)	

表 E.5－32　深层土壤综合指标环境质量评价(表名:C503A1_SCT_ ** _##)

字段代码	字段名称	类型及长度	说明
CHFCAC	图元编号	N(10)	
HTZHQA	评价区面积	N(10)	

续表

字段代码	字段名称	类型及长度	说明
HTJHZL	质量等级	C(10)	
HTZHPJ	特征评价	C(10)	
PKIIZ	备注	C(200)	

表 E.5－33　表层湖积物单指标环境质量评价(表名:C503A0_BCHJW__##)**

字段代码	字段名称	类型及长度	说明
CHFCAC	图元编号	N(10)	
PKIIA	指标编码	N(10)	
PJZBLX	指标类型	C(10)	
PJZB	指标名称	C(10)	
PJZBFH	指标符号	C(10)	
PJZBDW	指标单位	C(10)	
PJZBHY	指标含义	C(10)	
PJZBLY	指标来源	C(10)	
PJDJ	代表等级	C(10)	
HTZHQA	评价区面积	N(10)	
PKIIZ	备注	C(200)	

表 E.5－34　表层湖积物综合指标环境质量评价(表名:C503A1_BCHJW__##)**

字段代码	字段名称	类型及长度	说明
CHFCAC	图元编号	N(10)	
HTZHQA	评价区面积	N(10)	
HTJHZL	质量等级	C(10)	
HTZHPJ	特征评价	C(10)	
PKIIZ	备注	C(200)	

表 E.5－35　深层湖积物单指标环境质量评价(表名:C503A0_SCHJW__##)**

字段代码	字段名称	类型及长度	说明
CHFCAC	图元编号	N(10)	
PKIIA	指标编码	N(10)	
PJZBLX	指标类型	C(10)	
PJZB	指标名称	C(10)	
PJZBFH	指标符号	C(10)	
PJZBDW	指标单位	C(10)	
PJZBHY	指标含义	C(10)	
PJZBLY	指标来源	C(10)	

续表

字段代码	字段名称	类型及长度	说明
PJDJ	代表等级	C(10)	
HTZHQA	评价区面积	N(10)	
PKIIZ	备注	C(200)	

表 E.5-36 深层湖积物综合指标环境质量评价(表名:C503A1_SCHJW__##)**

字段代码	字段名称	类型及长度	说明
CHFCAC	图元编号	N(10)	
HTZHQA	评价区面积	N(10)	
HTJHZL	质量等级	C(10)	
HTZHPJ	特征评价	C(10)	
PKIIZ	备注	C(200)	

表 E.5-37 近岸海域表层沉积物单指标环境质量评价(表名:C503A0_HYBC__##)**

字段代码	字段名称	类型及长度	说明
CHFCAC	图元编号	N(10)	
PKIIA	指标编码	N(10)	
PJZBLX	指标类型	C(10)	
PJZB	指标名称	C(10)	
PJZBFH	指标符号	C(10)	
PJZBDW	指标单位	C(10)	
PJZBHY	指标含义	C(10)	
PJZBLY	指标来源	C(10)	
PJDJ	代表等级	C(10)	
HTZHQA	评价区面积	N(10)	
PKIIZ	备注	C(200)	

表 E.5-38 近岸海域表层沉积物综合指标环境质量评价(表名:C503A1_HYBC__##)**

字段代码	字段名称	类型及长度	说明
CHFCAC	图元编号	N(10)	
HTZHQA	评价区面积	N(10)	
HTJHZL	质量等级	C(10)	
HTZHPJ	特征评价	C(10)	
PKIIZ	备注	C(200)	

表 E.5-39 近岸海域深层沉积物单指标环境质量评价(表名:C503A0_HYSC__##)**

字段代码	字段名称	类型及长度	说明
CHFCAC	图元编号	N(10)	
PKIIA	指标编码	N(10)	

续表

字段代码	字段名称	类型及长度	说明
PJZBLX	指标类型	C(10)	
PJZB	指标名称	C(10)	
PJZBFH	指标符号	C(10)	
PJZBDW	指标单位	C(10)	
PJZBHY	指标含义	C(10)	
PJZBLY	指标来源	C(10)	
PJDJ	代表等级	C(10)	
HTZHQA	评价区面积	N(10)	
PKIIZ	备注	C(200)	

表 E.5-40　近岸海域深层沉积物综合指标环境质量评价(表名:C503A1_HYSC_ ** _##)

字段代码	字段名称	类型及长度	说明
CHFCAC	图元编号	N(10)	
HTZHQA	评价区面积	N(10)	
HTJHZL	质量等级	C(10)	
HTZHPJ	特征评价	C(10)	
PKIIZ	备注	C(200)	

表 E.5-41　大气单指标环境质量评价(表名:C503A0_DQ_ ** _##)

字段代码	字段名称	类型及长度	说明
CHFCAC	图元编号	N(10)	
PKIIA	指标编码	N(10)	
PJZBLX	指标类型	C(10)	
PJZB	指标名称	C(10)	
PJZBFH	指标符号	C(10)	
PJZBDW	指标单位	C(10)	
PJZBHY	指标含义	C(10)	
PJZBLY	指标来源	C(10)	
PJDJ	代表等级	C(10)	
HTZHQA	评价区面积	N(10)	
PKIIZ	备注	C(200)	

表 E.5-42　大气综合指标环境质量评价(表名:C503A1_DQ_ ** _##)

字段代码	字段名称	类型及长度	说明
CHFCAC	图元编号	N(10)	
HTZHQA	评价区面积	N(10)	
HTJHZL	质量等级	C(10)	

续表

字段代码	字段名称	类型及长度	说明
HTZHPJ	特征评价	C(10)	
PKIIZ	备注	C(200)	

表 E.5－43　生物单指标环境质量评价(表名:C503A0_SW_ ** _##)

字段代码	字段名称	类型及长度	说明
CHFCAC	图元编号	N(10)	
PKIIA	指标编码	N(10)	
PJZBLX	指标类型	C(10)	
PJZB	指标名称	C(10)	
PJZBFH	指标符号	C(10)	
PJZBDW	指标单位	C(10)	
PJZBHY	指标含义	C(10)	
PJZBLY	指标来源	C(10)	
PJDJ	代表等级	C(10)	
HTZHQA	评价区面积	N(10)	
PKIIZ	备注	C(200)	

表 E.5－44　生物综合指标环境质量评价(表名:C503A1_SW_ ** _##)

字段代码	字段名称	类型及长度	说明
CHFCAC	图元编号	N(10)	
HTZHQA	评价区面积	N(10)	
HTJHZL	质量等级	C(10)	
HTZHPJ	特征评价	C(10)	
PKIIZ	备注	C(200)	

表 E.5－45　地表水单指标污染评价(表名:C504A0_DMS_ ** _##)

字段代码	字段名称	类型及长度	说明
CHFCAC	图元编号	N(10)	
PKIIA	指标编码	N(10)	
PJZBLX	指标类型	C(10)	
PJZB	指标名称	C(10)	
PJZBFH	指标符号	C(10)	
PJZBDW	指标单位	C(10)	
PJZBHY	指标含义	C(10)	
PJZBLY	指标来源	C(10)	
HTWRZB	污染指标	C(10)	
HTTRWR	污染程度	C(10)	

续表

字段代码	字段名称	类型及长度	说明
HTYSTZ	元素分布特征	C(200)	
PKIIZ	备注	C(200)	

表 E.5 - 46　地表水综合指标污染评价(表名:C504A1_DMS_ ** _##)

字段代码	字段名称	类型及长度	说明
CHFCAC	图元编号	N(10)	
HTZHQA	评价区面积	N(10)	
HTJHZL	污染等级	C(10)	
HTZHPJ	特征评价	C(10)	
PKIIZ	备注	C(200)	

表 E.5 - 47　浅层地下水单指标污染评价(表名:C504A0_DXS_ ** _##)

字段代码	字段名称	类型及长度	说明
CHFCAC	图元编号	N(10)	
PKIIA	指标编码	N(10)	
PJZBLX	指标类型	C(10)	
PJZB	指标名称	C(10)	
PJZBFH	指标符号	C(10)	
PJZBDW	指标单位	C(10)	
PJZBHY	指标含义	C(10)	
PJZBLY	指标来源	C(10)	
HTWRZB	污染指标	C(10)	
HTTRWR	污染程度	C(10)	
HTYSTZ	元素分布特征	C(200)	
PKIIZ	备注	C(200)	

表 E.5 - 48　浅层地下水综合指标污染评价(表名:C504A1_DXS_ ** _##)

字段代码	字段名称	类型及长度	说明
CHFCAC	图元编号	N(10)	
HTZHQA	评价区面积	N(10)	
HTJHZL	污染等级	C(10)	
HTZHPJ	特征评价	C(10)	
PKIIZ	备注	C(200)	

表 E.5 - 49　表层土壤单指标污染评价(表名:C504A0_BCT_ ** _##)

字段代码	字段名称	类型及长度	说明
CHFCAC	图元编号	N(10)	
PKIIA	指标编码	N(10)	

续表

字段代码	字段名称	类型及长度	说明
PJZBLX	指标类型	C(10)	
PJZB	指标名称	C(10)	
PJZBFH	指标符号	C(10)	
PJZBDW	指标单位	C(10)	
PJZBHY	指标含义	C(10)	
PJZBLY	指标来源	C(10)	
HTWRZB	污染指标	C(10)	
HTTRWR	污染程度	C(10)	
HTYSTZ	元素分布特征	C(200)	
PKIIZ	备注	C(200)	

表 E.5－50　表层土壤综合指标污染评价(表名:C504A1_BCT_ ** _##)

字段代码	字段名称	类型及长度	说明
CHFCAC	图元编号	N(10)	
HTZHQA	评价区面积	N(10)	
HTJHZL	污染等级	C(10)	
HTZHPJ	特征评价	C(10)	
PKIIZ	备注	C(200)	

表 E.5－51　深层土壤单指标污染评价(表名:C504A0_SCT_ ** _##)

字段代码	字段名称	类型及长度	说明
CHFCAC	图元编号	N(10)	
PKIIA	指标编码	N(10)	
PJZBLX	指标类型	C(10)	
PJZB	指标名称	C(10)	
PJZBFH	指标符号	C(10)	
PJZBDW	指标单位	C(10)	
PJZBHY	指标含义	C(10)	
PJZBLY	指标来源	C(10)	
HTWRZB	污染指标	C(10)	
HTTRWR	污染程度	C(10)	
HTYSTZ	元素分布特征	C(200)	
PKIIZ	备注	C(200)	

表 E.5－52　深层土壤综合指标污染评价(表名:C504A1_SCT_ ** _##)

字段代码	字段名称	类型及长度	说明
CHFCAC	图元编号	N(10)	
HTZHQA	评价区面积	N(10)	

续表

字段代码	字段名称	类型及长度	说明
HTJHZL	污染等级	C(10)	
HTZHPJ	特征评价	C(10)	
PKIIZ	备注	C(200)	

表 E.5 - 53　表层湖积物单指标污染评价(表名:C504A0_BCHJW_ ** _##)

字段代码	字段名称	类型及长度	说明
CHFCAC	图元编号	N(10)	
PKIIA	指标编码	N(10)	
PJZBLX	指标类型	C(10)	
PJZB	指标名称	C(10)	
PJZBFH	指标符号	C(10)	
PJZBDW	指标单位	C(10)	
PJZBHY	指标含义	C(10)	
PJZBLY	指标来源	C(10)	
HTWRZB	污染指标	C(10)	
HTTRWR	污染程度	C(10)	
HTYSTZ	元素分布特征	C(200)	
PKIIZ	备注	C(200)	

表 E.5 - 54　表层湖积物综合指标污染评价(表名:C504A1_BCHJW_ ** _##)

字段代码	字段名称	类型及长度	说明
CHFCAC	图元编号	N(10)	
HTZHQA	评价区面积	N(10)	
HTJHZL	污染等级	C(10)	
HTZHPJ	特征评价	C(10)	
PKIIZ	备注	C(200)	

表 E.5 - 55　深层湖积物单指标污染评价(表名:C504A0_SCHJW_ ** _##)

字段代码	字段名称	类型及长度	说明
CHFCAC	图元编号	N(10)	
PKIIA	指标编码	N(10)	
PJZBLX	指标类型	C(10)	
PJZB	指标名称	C(10)	
PJZBFH	指标符号	C(10)	
PJZBDW	指标单位	C(10)	
PJZBHY	指标含义	C(10)	

续表

字段代码	字段名称	类型及长度	说明
PJZBLY	指标来源	C(10)	
HTWRZB	污染指标	C(10)	
HTTRWR	污染程度	C(10)	
HTYSTZ	元素分布特征	C(200)	
PKIIZ	备注	C(200)	

表 E.5-56　深层湖积物综合指标污染评价(表名:C504A1_SCHJW_ ** _##)

字段代码	字段名称	类型及长度	说明
CHFCAC	图元编号	N(10)	
HTZHQA	评价区面积	N(10)	
HTJHZL	污染等级	C(10)	
HTZHPJ	特征评价	C(10)	
PKIIZ	备注	C(200)	

表 E.5-57　近岸海域表层沉积物单指标污染评价(表名:C504A0_HYBC_ ** _##)

字段代码	字段名称	类型及长度	说明
CHFCAC	图元编号	N(10)	
PKIIA	指标编码	N(10)	
PJZBLX	指标类型	C(10)	
PJZB	指标名称	C(10)	
PJZBFH	指标符号	C(10)	
PJZBDW	指标单位	C(10)	
PJZBHY	指标含义	C(10)	
PJZBLY	指标来源	C(10)	
HTWRZB	污染指标	C(10)	
HTTRWR	污染程度	C(10)	
HTYSTZ	元素分布特征	C(200)	
PKIIZ	备注	C(200)	

表 E.5-58　近岸海域表层沉积物综合指标污染评价(表名:C504A1_HYBC_ ** _##)

字段代码	字段名称	类型及长度	说明
CHFCAC	图元编号	N(10)	
HTZHQA	评价区面积	N(10)	
HTJHZL	污染等级	C(10)	
HTZHPJ	特征评价	C(10)	
PKIIZ	备注	C(200)	

表 E.5－59　土壤有益元素丰缺评价(表名:C505A0_TR **_##)

字段代码	字段名称	类型及长度	说明
CHFCAC	图元编号	N(10)	
HTYSZH	有益元素组合	C(10)	
HTZHQA	分区面积	N(10)	
HTZHPJ	特征评价	C(10)	
PKIIZ	备注	C(200)	

表 E.5－60　土壤营养评价(表名:C505A1_TR_**_##)

字段代码	字段名称	类型及长度	说明
CHFCAC	图元编号	N(10)	
HTYSZH	元素组合	C(10)	
HTZHQA	分区面积	N(10)	
HTZHPJ	特征评价	C(10)	
PKIIZ	备注	C(200)	

表 E.5－61　农用地环境质量(表名:C505A0_NYDHJZL)

字段代码	字段名称	类型及长度	说明
CHFCAC	图元编号	N(10)	
HTJHZL	质量等级	C(10)	
HTZHQA	评价区面积	N(10)	
HTZHPJ	特征评价	C(10)	
PKIIZ	备注	C(200)	

表 E.5－62　农作物适宜性评价(表名:C505A0_NZWSYX)

字段代码	字段名称	类型及长度	说明
CHFCAC	图元编号	N(10)	
HTNZWT	农作物种类	C(10)	
HTZHQA	分区面积	N(10)	
HTZHPJ	特征评价	C(10)	
PKIIZ	备注	C(200)	

表 E.5－63　土地利用评价(表名:C505A0_TDLY)

字段代码	字段名称	类型及长度	说明
CHFCAC	图元编号	N(10)	
HTZHQA	分区面积	N(10)	
HTZHPJ	特征评价	C(10)	
PKIIZ	备注	C(200)	

E.6　地质灾害和环境地质属性数据表

表 E.6－1　地面沉降等值线属性数据结构(表名:C601L0_DZX)

字段代码	字段名称	类型及长度	说明
CHFCAC	图元编号	N(10)	
SWDDAA	起始年份	T	
SWDDAB	结束年份	T	
LJCJL	累计沉降量	N(7,2)	单位:mm
PKIIZ	备注	C(200)	

表 E.6－2　地面沉降易发性评价属性数据结构(表名:C601A0_YFXPJ)

字段代码	字段名称	类型及长度	说明
CHFCAC	图元编号	N(10)	
YFXFQ	易发性分区	C(30)	
FQMS	分区描述	C(200)	
PJFJ	评价分级	C(20)	
PKIIZ	备注	C(200)	

表 E.6－3　地面沉降危险性评价数据结构(表名:C601A0_WXXPJ)

字段代码	字段名称	类型及长度	说明
CHFCAC	图元编号	N(10)	
WXXFQ	危险性分区	C(30)	
FQMS	分区描述	C(200)	
PJFJ	评价分级	C(20)	
PKIIZ	备注	C(200)	

表 E.6－4　地面沉降易损性评价属性数据结构(表名:C601A0_YSXPJ)

字段代码	字段名称	类型及长度	说明
CHFCAC	图元编号	N(10)	
YSXFQ	易损性分区	C(30)	
FQMS	分区描述	C(200)	
PJFJ	评价分级	C(20)	
PKIIZ	备注	C(200)	

表 E.6－5　地面沉降风险评价属性数据结构(表名:C601A0_FXPJ)

字段代码	字段名称	类型及长度	说明
CHFCAC	图元编号	N(10)	
HJPDA	评价指数	N(4,2)	

续表

字段代码	字段名称	类型及长度	说明
HJPDB	分区名称	C(60)	
HJPDC	分区描述	C(200)	
PKIIZ	备注	C(200)	

表 E.6－6　地面沉降风险管理属性数据结构(表名:C601A0_FXGL)

字段代码	字段名称	类型及长度	说明
CHFCAC	图元编号	N(10)	
YSXFQ	风险管理分区	C(30)	
FQMS	分区描述	C(200)	
PKIIZ	备注	C(200)	

表 E.6－7　水下地形属性数据结构(表名:C602A0_SXDX)

字段代码	字段名称	类型及长度	说明
CHFCAC	图元编号	N(10)	
SDLB	深度类别	N(2)	
QSDSZ	起始等深值	N(7,2)	
ZZDSZ	终止等深值	N(7,2)	
CLSJ	测量时间	T	
SCALE	比例尺	10	
PKIIZ	备注	200	

表 E.6－8　江(海)岸冲淤分布的属性数据结构(表名:C602A0_CYFB)

字段代码	字段名称	类型及长度	说明
CHFCAC	图元编号	N(10)	
CYCD	冲淤程度	N(5,2)	单位:m
CYMJ	面积	N(8,2)	单位:km^2

表 E.6－9　沉积物分布的属性数据结构(表名:C602A0_CJWFB)

字段代码	字段名称	类型及长度	说明
CHFCAC	图元编号	N(10)	
CJWLX	沉积物类型	C(40)	
PKIIZ	备注	C(200)	

表 E.6－10　地质环境区划的属性数据结构(表名:C603A0_DZHJQH)

字段代码	字段名称	类型及长度	说明
CHFCAC	图元编号	N(10)	
FQMC	分区名称	C(40)	

续表

字段代码	字段名称	类型及长度	说明
AREA	面积	N(9,2)	
PKIIZ	备注	C(200)	

表 E.6-11　地质环境承载力评价的属性数据结构(表名:C603A0_CZLPJ)

字段代码	字段名称	类型及长度	说明
CHFCAC	图元编号	N(10)	
HJPDB	分区名称	C(40)	
PJFF	评价方法	C(40)	
PJZB	评价指标	C(20)	
ZHPJDJ	综合评价等级	C(20)	
PKIIZ	备注	C(200)	

表 E.6-12　地质环境适宜性评价的属性数据结构(表名:C603A0_SYXPJ)

字段代码	字段名称	类型及长度	说明
CHFCAC	图元编号	N(10)	
HJPDB	分区名称	C(40)	
SWFMH	综合评判方法	C(60)	
SYXZS	适宜性指数	C(20)	
SYXFQ	适宜性分区评价	C(300)	

E.7　地质资源属性数据表

表 E.7-1　矿产资源分布属性数据结构(表名:C701A0_KCZY)

字段代码	字段名称	类型及长度	说明
CHFCAC	图元编号	N(10)	
ZYKCLX	主要矿产类型	C(200)	
ZYKCCL	矿产储量	C(200)	
ZYKCYJL	矿产远景储量	C(200)	
PKGKR	矿床成因类型	C(80)	
PKGKB	矿床规模	C(20)	
PKIIZ	备注	C(200)	

表 E.7-2　滩涂资源分布属性数据结构(表名:C702A0_TTZY)

字段代码	字段名称	类型及长度	说明
CHFCAC	图元编号	N(10)	
TTMC	滩涂名称	C(40)	
TIME	时间	T	

续表

字段代码	字段名称	类型及长度	说明
AREA	面积	N(9,2)	单位:km^2
PKIIZ	备注	C(200)	

表 E.7－2　砂源分布属性数据结构(表名:C702A0_SYFB)

字段代码	字段名称	类型及长度	说明
CHFCAC	图元编号	N(10)	
TTMC	砂源名称	C(40)	
QSHD	起始厚度	N(7,2)	
ZZHD	终止厚度	N(7,2)	
AREA	面积	N(9,2)	单位:km^2
PKIIZ	备注	C(200)	

表 E.7－3　后备土地资源评价属性数据结构(表名:C702A0_HBTDZY)

字段代码	字段名称	类型及长度	说明
CHFCAC	图元编号	N(10)	
PJQMC	评价区名称	C(40)	
AREA	面积	N(9,2)	单位:km^2
PKIIZ	备注	C(200)	

表 E.7－4　滩涂资源开发适宜性分区的属性数据结构(表名:C702A0_KFSYX)

字段代码	字段名称	类型及长度	说明
CHFCAC	图元编号	N(10)	
FQMC	分区名称	C(60)	
FQMJ	分区面积	N(8,2)	单位:km^2

表 E.7－5　地下空间利用现状属性数据结构(表名:C703A0_LYXZ)

字段代码	字段名称	类型及长度	说明
CHFCAC	图元编号	N(10)	
DXKJMC	地下空间名称	C(30)	
LYXZ	利用现状	C(6)	
PKIIZ	备注	C(200)	

表 E.7－6　地下空间开发适宜性分区属性数据结构(表名:C703A0_KFSYX)

字段代码	字段名称	类型及长度	说明
CHFCAC	图元编号	N(10)	
HJSQUA	分区名称	C(40)	
HJSQUB	分区描述	C(200)	

表 E.7－7　浅层地热能赋存条件分区属性数据结构(表名:C704A0_FCTJ)

字段代码	字段名称	类型及长度	说明
CHFCAC	图元编号	N(10)	
FQMC	分区名称	C(40)	
FQMS	分区描述	C(500)	

表 E.7－8　浅部岩土体导热系数分布属性数据结构(表名:C704A0_DRXS)

字段代码	字段名称	类型及长度	说明
CHFCAC	图元编号	N(10)	
DRXS	导热系数	N(8,3)	单位:W/(m・k)
PKIIZ	备注	C(200)	

表 E.7－9　浅部岩土体比热容分布属性数据结构(表名:C704A0_BRR)

字段代码	字段名称	类型及长度	说明
CHFCAC	图元编号	N(10)	
BRR	比热容	N(5)	单位:J/(kg・k)
PKIIZ	备注	C(100)	

表 E.7－10　恒温层分布属性数据结构(表名:C704A0_HWC)

字段代码	字段名称	类型及长度	说明
CHFCAC	图元编号	N(10)	
WDZ	温度值	N(6,2)	单位:℃
PKIIZ	备注	C(100)	

表 E.7－11　浅部地温增温率分布属性数据结构(表名:C704A0_ZWL)

字段代码	字段名称	类型及长度	说明
CHFCAC	图元编号	N(10)	
WDZ	温度值	N(6,2)	单位:℃/100m
PKIIZ	备注	C(100)	

表 E.7－12　浅部岩土体换热功率分区属性数据结构(表名:C704A0_HRGL)

字段代码	字段名称	类型及长度	说明
CHFCAC	图元编号	N(10)	
FQMC	分区名称	C(40)	
FQMS	分区描述	C(200)	

表 E.7－13　浅层地热资源潜力分区属性数据结构(表名:C704A0_ZYQL)

字段代码	字段名称	类型及长度	说明
CHFCAC	图元编号	N(10)	
FQMC	分区名称	C(40)	
FQMS	分区描述	C(200)	

表 E.7-14　地质遗迹点分布属性数据结构(表名:C705P0_DZYJ)

字段代码	字段名称	类型及长度	说明
CHFCAC	图元编号	N(10)	
TKCAF	东坐标	N(11,3)	
TKCAG	北坐标	N(11,3)	
ELEVATION	标高	N(8,2)	
YJMC	遗迹名称	C(60)	
YJLX	遗迹类型	C(60)	

表 E.7-15　地质遗迹线分布属性数据结构(表名:C705L0_DZYJ)

字段代码	字段名称	类型及长度	说明
CHFCAC	图元编号	N(10)	
YJMC	遗迹名称	C(60)	
YJLX	遗迹类型	C(60)	

表 E.7-16　地质遗迹面分布属性数据结构(表名:C705A0_DZYJ)

字段代码	字段名称	类型及长度	说明
CHFCAC	图元编号	N(10)	
YJMC	遗迹名称	C(60)	
YJLX	遗迹类型	C(60)	
YJMJ	遗迹面积	N(8,2)	

表 E.7-17　地质公园属性数据结构(表名:C705A0_DZGY)

字段代码	字段名称	类型及长度	说明
CHFCAC	图元编号	N(10)	
GYMC	公园名称	C(60)	
GYLX	公园类型	C(60)	
GYMJ	公园面积	N(8,2)	

E.8　遥感地质属性数据表

表 E.8-1　遥感解译构造属性数据结构(表名:C801L0_TDGZ)

字段代码	字段名称	类型及长度	说明
CHFCAC	图元编号	N(10)	
DDCDA	区域构造单元名称	C(20)	
DDCD	构造特征	C(100)	
DDADLH	遥感影像标志	C(200)	

表 E.8 - 2　遥感解译地层属性数据结构(表名:C802A0_JYDC)

字段代码	字段名称	类型及长度	说明
CHFCAC	图元编号	N(10)	
QDFCB	地层名称	C(20)	
TKCBAW	地层岩性	C(100)	
DDADLH	遥感影像标志	C(200)	

附录 F 地质信息元数据内容

F.0.1 地质信息元数据应由元数据信息、标识信息、数据内容信息、空间参照系信息、数据质量信息和分发信息 6 个元数据子集构成，其中元数据信息、标识信息、数据内容信息、数据质量信息是必选子集，空间参照系信息、分发信息是可选子集。每个子集由若干个实体和元素构成。元数据表的命名应符合表 F.0.1 的要求。

表 F.0.1 元数据表命名

中文表名称	英文表名称
元数据信息	MD_Metadata
标识信息	MD_Identification
数据内容信息	MD_ContentDescription
空间参照系信息	RS_ReferenceSystem
数据质量信息	DQ_DataQuality
分发信息	CI_ResponsibleParty

F.0.2 元数据信息子集实体描述城市地质信息的元数据的名称、创建日期与数据版本。元数据信息应符合表 F.0.2 的要求。

表 F.0.2 元数据信息元素列表

实体	元素	代码	类型	简要说明
元数据名称	元数据名称	MDName	C	元数据的名称
日期	日期	MDDate	D	元数据创建或最近更新的日期
版本	版本	MDVer	C	元数据版本

注：C—字符；D—日期；N—数字，下同。

F.0.3 标识信息是地质数据集的基本信息，其元数据元素应符合表 F.0.3 的要求。

表 F.0.3 标识信息元素列表

实体	元素	代码	类型	简要说明
数据基本信息	名称	name	C	数据实际名称
	数据存储名称	tableName	C	数据存储在数据库中的名称
	日期	dataStamp	D	数据的发布或最近更新日期
	类别	topicCat	N	数据专业或专题内容的类别
摘要	摘要	abstract	C	数据内容的概要说明
目的	目的	purpose	C	数据集应用目的
状况	状况	status	C	数据的现状
关键词	关键词	keyword	C	关键词 1，关键词 2…
地理描述	地理范围	geoDesc	C	说明数据空间范围约定俗成的或众所周知的地点或区域名

续表

实体	元素	代码	类型	简要说明
数据时间	起始时间	createTime	D	原始数据生成或采集的起始时间
	终止时间	updateTime	D	原始数据生成或采集的终止时间
数据格式	数据格式	datatype	C	数据的表现方式、格式
数据限制	访问限制	accessConsts	C	为保护知识产权对数据所作的访问限制或约束
	安全等级	secClass	C	出于国家安全、保密考虑，对数据安全限制的等级
	使用限制	useConsts	C	使用数据时设计知识产权的保护或其他约定、限制、注意事项
数据维护	更新频率	maintFreq	C	对数据进行修改、补充的频率
数据存储	存储路径	path	C	数据存放的服务器、路径

F.0.4 数据内容信息描述数据集数据的内容信息，其元数据元素应符合表 F.0.4 的要求。

表 F.0.4 数据内容信息元素列表

实体	元素	代码	类型	简要说明
内容描述	记录数	count	N	数据总记录数
	数据量	dataSize	C	数据占据空间大小
	属性信息	attribute	C	主要属性内容列表

F.0.5 空间参照系信息是数据集使用的空间参照系的说明，其元数据元素应符合表 F.0.5 的要求。

表 F.0.5 空间参照系信息元素列表

实体	元素	代码	类型	简要说明
水平坐标参照系	坐标参照系名称	coodRSID	C	水平坐标参照系名称
	坐标系类型	coodType	C	水平坐标系类型名称
	坐标系名称	coodSID	C	
	投影参数	parameter	C	有关投影坐标参数的说明
垂向坐标参照系	垂向坐标参照系统名称	verRSID	C	垂向坐标参照系代码

F.0.6 数据集质量信息是数据集质量的总体评价，其元数据元素应符合表 F.0.6 的要求。

表 F.0.6 数据质量信息元素列表

实体	元素	代码	类型	简要说明
数据质量说明	数据质量	DQDesc	C	数据质量信息
处理过程	处理过程	stepDesc	C	数据源到数据集当前状态的演变过程说明

F.0.7 分发信息的元素应符合表 F.0.7 的要求。

表 F.0.7 分发信息元素列表

实体	元素	代码	类型	简要说明
负责单位信息	负责单位名称	orgName	C	负责单位的名称
	联系人	perName	C	联系人姓名
	电话	telNum	N	负责单位或联系人的电话号码
	传真	faxNum	N	负责单位或联系人的传真号码
	通信地址	ADDs	C	负责单位或联系人的通信地址
	邮政编码	zipCode	N	邮政编码
	电子信箱地址	emailADD	C	负责单位或联系人的电子信箱地址
	网址	webSite	C	负责人的网络地址

本标准用词说明

1 为便于在执行本标准条文时区别对待，对于要求严格程度不同的用词说明如下：

1） 表示很严格，非这样做不可的用词：

正面词采用"必须"；

反面词采用"严禁"。

2） 表示严格，在正常情况下均应这样做的用词：

正面词采用"应"；

反面词采用"不应"或"不得"。

3） 表示允许稍有选择，在条件许可时首先应这样做的用词：

正面词采用"宜"；

反面词采用"不宜"。

4） 表示有选择，在一定条件下可以这样做的用词，采用"可"。

2 条文中指明应按其他有关标准执行的写法"应符合……的规定"或"应按……执行"。

引用标准名录

1 《国家基本比例尺地形图分幅和编号》GB/T 13989

2 《中国土壤分类与代码》GB/T 17296

3 《地理信息元数据》GB 19170

4 《城市地下空间设施分类与代码》GB/T 28590

5 《地质矿产术语分类代码　第 10 部分：岩石学》GB/T 9649.10

6 《地质矿产术语分类代码　第 20 部分：水文地质学》GB/T 9649.20

7 《地质矿产术语分类代码　第 21 部分：工程地质学》GB/T 9649.21

8 《地质矿产术语分类代码　第 28 部分：地球物理勘查》GB/T 9649.28

9 《地质矿产术语分类代码　第 29 部分：地球化学勘查》GB/T 9649.29

10 《数字地质数据质量检查与评价》DZ/T 0268

11 《城市工程地球物理探测标准》CJJ/T 7

12 《城市建设空间信息基础数据规范　第 1 部分：分类与代码》DB31/T 401.1

13 《岩土工程勘察规范》DGJ 08—37

上海市工程建设规范

地质信息数据标准

DG/TJ 08—2320—2020
J 15390—2020

条 文 说 明

2021　上海

目　次

Contents

1 总 则

1.0.1 本条阐明制定地质信息数据标准的目的。近六十年来，上海市形成了大量地质资料信息，为国民经济和社会发展提供了重要支撑。但地质资料管理方面长期存在资料信息分散、资料信息化条块建设、缺失统一的数据标准、综合研究不够等问题，使地质资料的巨大潜在价值未能得到充分发挥。通过对上海城市地质信息资源的全面梳理，建立完整、科学、实用的地质信息分类和编码体系，可为地质信息的统一管理和共享利用提供系统、全面的数据资源总目录，对规范数据管理、促进信息资源的社会化应用具有重要意义。通过规范地质数据的命名与编码、属性结构、数据字典，可以更好地指导上海市地质信息数据库建设工作，为地质信息的采集、处理、存储管理提供统一的规范依据，避免数据自成体系，确保不同行业、部门之间的数据能进行交换和应用。

1.0.2 本条阐明本标准的使用范围。上海地质信息主要服务于城市规划、建设和管理，应依据业务需求，规范城市地质信息数据库的建设与管理维护，并满足行业内数据交换要求。

1.0.3 本标准是地质信息数据库建设的专业标准，信息数据主要来源于基础地质调查、工程地质勘察、地质灾害防治、地质资源开发利用等多项工作，因此本标准在实施过程中，还应符合国家、行业和本市现行有关标准的规定。

2 术　语

地质信息主要来源于地质工作，地质工作在不同地区有不同侧重点，在上海地区，地质工作主要服务城市规划、建设和管理，具有鲜明的地方特色。因此，本标准中对地质工作、地质资料等术语的定义，与通常的相关术语定义有细微的差别，与本标准后续章节内容一致。同时由于地质专业性强、包含范围广，本标准中出现的地质专业术语，限于篇幅未作定义，建议使用本标准时参照其他标准。

3 数据分类编码

3.1 一般规定

3.1.1 本条对涉及的地质信息资源，根据专业类型进行分类。根据上海市地质调查研究院等单位掌握的地质资料情况，以及与城市规划、建设、管理、城市发展与资源利用等紧密相关的地质专题内容而制定。各地质专题间存在内在联系，但各有所侧重，相应进行归类，共分为七大类。上海地区的地质信息数据建设，原则可以根据七个子集分步实施，各应用可根据本单位地质数据及应用情况，对地质信息数据的子集进行删减。

基础地质主要包括基岩地质和第四纪地质方面的内容，基岩地质主要反映上海地区整体的地质构造框架，第四纪地质主要反映上海地区第四纪松散沉积物的沉积环境演变及结构特征等。

水文地质主要反映上海地区地下水赋存条件、地下水开采与管理、地下水资源评价等内容。

工程地质主要反映上海地区与工程建设活动密切相关的地形地貌、地层岩性、地质体物理力学参数等地质条件的内容。

地质灾害和环境地质部分主要包括地面沉降、地面塌陷和崩塌，以及地下水污染等内容。

地质资源开发利用主要包括地热能开发利用等内容。

地球物理、地球化学勘查以及遥感地质则包括了上海地区常用的地球物理、地球化学勘查方法。

3.1.2 地质信息的来源一般分为调查、监测、分析评价三大类(第 3.1.4 条)，地质信息具有多重特征，如根据信息加工程度分为原始、整理、分析研究等特征，还可根据信息表现形式分为文本、图像、空间信息等。考虑到信息管理和信息建设的需要，地质信息分类编码应根据信息服务对象要求，按照地质信息的专业类型及特征，统一编码，不出现编码信息重复和遗漏现象。

3.1.3 地质信息分类编码可见于多个现行国家和行业标准中，每种标准都有各自的分类代码体系，但本标准主要内容是城市规划、建设、管理等相关地质信息表达，涵盖多个地质领域，故对现行国家和行业标准的分类代码体系开展研究。对于有现行标准参照的，尽量按现行标准；对于无现行标准参照的，根据符合科学性、系统性、可扩充性、兼容性的原则，自行扩充。本标准只是推荐标准，用户在使用过程中，也可根据自身实际情况，按照上述四个原则自行扩充。

3.1.4 地质信息根据来源分类，主要根据数据获取途径、获取方式而定。从项目或工作周期看，地质调查一般是不定期的、一次性地质工作，地质环境监测对某些地质要素开展定期的、长期的监测。广义来说，地质环境监测也是地质调查工作的一部分，上海地区地质工作主要内容之一是地质环境监测，考虑到数据平衡性，将地质环境监测数据单列。分析评价成果则是在地质调查和地质环境监测信息的基础上，面向用户需求或研究要求等，对上述各类信息进行加工处理、综合研究和分析评价，产生的地质数据。

3.2 分类代码

3.2.1 说明分类代码的具体编码方法。依据现行上海市地方标准《城市建设空间信息基础数据规范 第 1 部分：分类与代码》DB31/T 401.1，第一、二位的代码为 95；第三位为大类，用数字 1～3 表示，1 表示地质调查数据，2 表示地质环境监测数据，3 表示分析评价成果数据；第四位为中类，用数字 1～9 表示；

地质调查数据分为：基础地质调查、水文地质调查、工程地质调查、地质灾害和环境地质调查、地球物理勘探、地球化学勘探、地质资源调查、遥感地质调查等中类数据；地质环境监测数据分为：地下水监测、地面沉降监测、重大工程沉降监测、海岸带地质环境监测、土地环境质量监测、地热能监测、地应力监测等中类数据；分析评价成果数据分为：基础地质、水文地质、工程地质、地球物理、地球化学、地质灾害和环境地质、地质资源、遥感地质等中类数据；第五、六位为小类，用数字 01～99 表示；第七、八位为实体，用数字 01～99 表示。

地球物理分类参考现行行业标准《城市工程地球物理探测标准》CJJ/T 7。

3.2.2 规定每类的具体分类代码。

4 数据组织与结构

4.1 一般规定

4.1.1 按城市地质信息化的需要，满足信息共享和资源整合要求，应对数据库建设采用统一的方法和原则。数据库设计一方面考虑到城市地质信息数据来源、特征和勘查方法，另一方面需要综合考虑城市地质信息系统建设与城市地质信息的共享服务。

1）规范性原则。地质数据多源、异构，为建立统一的、集成的信息服务平台，应采用标准化的数据组织和数据库设计方法，数据库建设应与现有国家和行业标准一致，并与有关行业法规等相协调。数据库组织逻辑严谨，数据库表、字段等命名规范，字段涵义定义准确，保持唯一性。

2）实用性原则。数据库建设应按照城市地质信息实际应用情况和管理需求进行设计，充分考虑用户和行业应用特色，数据组织和结构符合行业惯例，能够与行业应用系统实现无缝对接。

3）兼容性原则。数据库设计不仅要考虑能适用于多种数据格式的相互转换，而且要体现数据库的可扩展性。要求数据库设计不仅能真实地反映现状，还能满足发展的需要，为今后的发展/修改留有足够的空间，使得尽量不改变数据库架构即可实现扩充。

4）可维护性原则。数据库组织与设计时应充分考虑数据库运维管理的需求，尽量消除数据冗余和更新异常，使数据库在性能、扩展性和数据完整性等各方面达到较好的平衡。数据表中要建立时间戳字段及数据删除标志字段，便于数据动态更新维护。

4.1.2 地质数据很大一部分是与空间位置相关的地理信息数据，如钻孔点位、地质体分布等。同时，钻孔、地质体等还具有参数测试试验数据，是为属性数据。另外，地质环境监测数据还具有随时间而定的监测数据。根据图形数据与属性数据的关联关系的复杂程度，决定采用将图形数据与属性数据分别管理用关键字链接的方法，还是采用图形属性一体化的方法进行管理。

4.1.3 数据建库分区域是指将建库范围划分为若干区域，把数据按照区域方式存储。分图幅是指将空间数据按照一定标准定量的图幅范围组织空间数据。分专题是指按照数据所属地质专业类型组织空间数据，分要素是指根据空间数据的要素类型，即点、线、面、体等不同，分别组织数据；每个要素图层中可以按照属性不同对要素进行区分，也可根据要素的特征不同进行细分成子要素图层。在实际工作中，可采用分区域、分图幅、分专题和分要素相结合的方法组织空间数据。本标准第 4.2 节及 4.3 节中按照分类—分层—分要素的方法对数据表及图层进行组织和命名，供用户建库时参照使用。

4.1.4 说明数据表结构的要素。为统一数据结构的描述方式，参考数据库设计的基本方法，采用字段代码、字段名称、类型及长度、说明等基本要素进行描述。

4.2 数据表命名和数据结构

4.2.1 说明数据表的命名规则。数据表命名规则按照大类（调查、监测、成果）、中类（专业或专题）、小类（数据集）、实体（数据内容）进行定义，其中大类采用汉语拼音首字母定义（D，J，C），中类和小类用采用数字代码表示，参见本标准表 3.2.2。分专业确定了数据集名、数据内容与数据表名，并制定了详细数据结构。

4.3 图层命名和数据结构

4.3.1 说明图层及其属性表的命名规则。

4.3.2 分专业确定了数据集名、数据集要素、几何特征与属性表名，并制定了详细数据结构。

5　数据管理基本要求

5.1　一般规定

5.1.1　地质数据的生产与管理过程对数据质量有决定性的影响，因此数据的生产和管理应按照规范的流程开展，符合现行的国家、行业标准。要对数据生产与管理全过程各环节进行控制，当数据生产完成后，应根据相关技术标准，对数据质量进行检查和评价，使数据质量始终处于受控状态。地质数据的核心价值在于数据是对地质现象的客观描述，真实可靠；同时为全面反映地质现象，尽量保持数据完整性；数据准确性要求是数据生产过程具有科学性，严格按照技术标准进行，防止产生不正确、不精确的数据。

5.1.2　长期以来，上海地区地质信息服务根据城市建设管理的需要，采用上海平面坐标系和吴淞高程基准，因此目前原始数据均采用上海平面坐标系和吴淞高程基准。2013 年起国家推广使用 2000 国家大地坐标系，要求完成相关数据的坐标和高程基准转换。基于以上原因，本标准虽未强制要求采用 2000 国家大地坐标系，但建议建立上海平面坐标系统与 2000 国家大地坐标系和国家高程基准联系，根据需要，对外提供采用 2000 国家大地坐标系和国家高程基准的地质数据。

地质信息的要素分类与编码是在地质信息化建设过程中的重要问题之一，若编码体系不合理，将增加数据建库工作量，影响地质信息的开发利用和共享。本条对分类代码体系提出要求，并在第 3 章中做出具体规定。

根据服务要求，地质数据可以有多种表现形式，以矢量图、栅格图、属性表、三维模型等。矢量类数据一般需要由专业软件读取，而栅格图的读取软件种类很多，使用范围很广。

本条还对符号化原则做出一般规定，应根据相关国家标准和行业标准才能进行。

5.1.3　元数据是“关于数据的数据”。元数据是使数据充分发挥作用的关键要素之一。它包括许多方面，包括数据文档建立、数据发布、数据浏览、数据转换等。元数据在数据管理、使用和共享过程中均具有重要的作用。若地质数据缺失元数据内容，给数据管理和使用带来很大的难度。元数据的主要内容可以参照相关国内或行业标准，符合行业惯例。

5.1.4　地质数据生产是动态的过程，在地质数据库建设和管理过程中，地质数据更新是一项常态化的工作任务，应建立地质数据更新维护制度。地质数据生产周期有很多种，如地质调查数据，属于不定期的；地质环境监测数据，数据生产周期从年度到分钟级，无论何种数据，根据数据更新机制，必须做到及时入库。数据库中的数据应能反映当前最新的情况，只有保持数据最新状态，即数据现势性，数据价值才能得到最大限度地发挥。

5.2　元数据

5.2.1　本标准元数据的术语和定义主要引自现行国家标准《地理信息元数据》GB 19170。说明元数据的子集构成与元数据应包括的具体内容。

5.2.2　元数据也应建立更新机制，与地质数据同步更新入库。

5.2.3　元数据质量是数据质量的重要组成部分，是保证数据质量的基础。元数据建立符合以下要求：完整性，指元数据能完整描述数据集最重要的信息，包括附录 F 地质数据元数据内容所列全部；准确性，能准确而简洁地描述地质信息数据的主要特征；结构性，保持元数据的逻辑结构关系，在修改或扩展时不影响整体结构。

5.3 数据质量控制要求

5.3.1 地质数据质量验收是一项复杂、烦琐的工作。首先对数据来源、合理性和可靠性进行确认。根据地质矿产行业标准《数字地质数据质量检查与评价》DZ/T 0268—2014 第 4.1.4 条，“……应根据不同类数字地质数据的特点与检查评价的要求，按照选择、细化、扩展的原则，调整质量元素、缺陷分级、检查项和评价规则等，确定适用的质量检查与评价要求或编写实施细则”。

5.3.2 说明地质数据质量检查的方式。根据地质矿产行业标准《数字地质数据质量检查与评价》DZ/T 0268—2014 第 5.2.1.1 条，全面检查是对批数据中所有个体进行逐一检查，并根据相关标准或要求判定其是否合格的检验。抽检是从批数据中抽取适当数量的个体作为样本，对其进行全数检验，并根据相关标准或要求判定其是否可以接受的检验。数据质量检查的技术要求可参照上述标准执行。

5.3.3 说明地质数据采用两级验收制度，即生产单位组织的初审和任务委托单位(机构)组织的验收。

5.3.4～5.3.6 说明数据质量元素组成和描述、数据质量检查验收、数据质量记录等应按地质矿产行业标准《数字地质数据质量检查与评价》DZ/T 0268—2014 要求执行。

附录D　数据表结构

说明了基础地质调查数据表、水文地质调查数据表、工程地质调查数据表、环境地质调查数据表、地球物理勘探数据表、地球化学勘探数据表、地质资源调查数据表、遥感地质数据表、地下水监测数据表、地面沉降监测数据表、重大工程沉降监测数据表、海岸带地质环境监测数据表、土地环境质量监测数据表、地热能监测数据表、地应力监测数据表的数据结构。

附录E　图层属性数据表结构

说明了基础地质属性数据表、水文地质属性数据表、工程地质属性数据表、地球物理属性数据表、地球化学属性数据表、地质灾害和环境地质属性数据表、地质资源属性数据表、遥感地质属性数据表的数据结构。

附录F　地质信息元数据内容

说明了元数据信息、标识信息、数据内容信息、空间参照系信息、数据质量信息、分发信息的数据结构。